Die Hundeschule

Monika Schaal

MANTRAILING
für Freizeit-Teams

Spannende Übungs-Trails

Müller Rüschlikon

Impressum

Einbandgestaltung: R2 I Ravenstein, Verden

Titelbild: Heiko Junge

Bildnachweis:
Sandra Benzing: S. 90, 92
Ulrike Böse: S. 6, 12, 13, 24, 29, 41, 46, 47, 54, 63, 69, 75, 87
Fabian Lüders: S. 49, 61
Neupitz GmbH: S. 11, 62, 68, 74, 76, 79
Dr. Bernd Regelmann: S. 58, 65, 78, 83
Britta Streck: S. 8, 37, 40
©GPPets/Shutterstock.com: S. 94
Alle übrigen Fotos stammen von Monika Schaal.

ISBN 978-3-275-02341-7

Postfach 103743, 70032 Stuttgart
Ein Unternehmen der Paul Pietsch Verlage GmbH & Co. KG

1. Auflage 2025

Sie finden uns im Internet unter www.mueller-rueschlikon-verlag.de

Lektorat: Petra Krivy | Claudia König
Innengestaltung: r2 | Ravenstein, Verden (Aller)
Druck und Bindung: DZS Grafik d.o.o., 1210 Ljubljana
Printed in Slovenia

Folgen Sie uns für mehr Infos zu unseren Hundebüchern auf:

www.instagram.com/muellerrueschlikon.hund

www.facebook.com/muellerrueschlikonverlag

INHALT

Auf der Spur ...

Wer einmal vom Trail-Virus befallen ist, den lässt er so schnell nicht mehr los. Trailen ist so viel mehr als einfach nur Beschäftigung für Hund und Mensch. Es ist die besondere Art der Zusammenarbeit und die intensive Verbundenheit auf dem Trail, die so faszinierend, aber gleichzeitig auch herausfordernd sein kann.

Mantrailer gab es zunächst fast ausschließlich im Rettungshundebereich und bei der Polizei, um vermisste, verletzte oder gesuchte Personen aufzuspüren. Nun kann oder möchte sich nicht jeder in einer Suchhundestaffel engagieren und nicht alle Vierbeiner haben das Talent zum Rettungshund. So ist Trailen inzwischen für viele Teams zur spannenden und befriedigenden Freizeitbeschäftigung geworden. Hier können Hund und Mensch gemäß ihren individuellen Fähigkeiten trainieren, niemand erwartet von einem Team, welches begeistert seine Freizeit-Tails läuft, dass es deshalb auch vermisste Personen zuverlässig finden würde.

Für Ausbilder und Trail-Leger ist es jedoch nicht immer einfach, Woche für Woche ein geeignetes Übungsgelände zu finden und für jedes Team einen Trail zu legen, der weder unter- noch überfordert, aber gleichzeitig Spaß macht, und immer mal wieder Neues einfließen lässt.

Mit diesem Buch möchte ich Ihnen neben einigen Tipps zur Organisation von Übungs-Trails vor allem Spuren aufzeigen, denen Sie und Ihr Hund nachgehen können. Spuren für unterschiedliches Gelände und mit unterschiedlichem Streckenverlauf, Variationen für den Start und das Auffinden der Versteckperson.

Die vorgestellten Trails sind nicht an eine bestimmte Trainingsmethode oder Philosophie gebunden. Daher gibt es auch keine Anleitung zum Erlernen des Trailens oder zur Analyse und Bewältigung von Problemen, wenn auch an einigen Stellen meine Überlegungen und mein Vorgehen mit einfließen. Arbeiten Sie nach Ihrem gewohnten Muster – vom Anriechen und dem Startsignal über Leinenhaltung und Lauftempo auf der Strecke bis hin zum Belohnen beim Auffinden der Versteckperson.

Die einzelnen Aufgaben können den Schwerpunkt eines ansonsten kurzen und nicht allzu anspruchsvollen Trails bilden oder mit anderen zu einem längeren, individuell passenden Trail zusammengestellt werden.

Anmerkung: Ich bezeichne in diesem Buch die Person am anderen Ende der Leine als Hundeführer und meine damit sowohl weibliche als auch männliche oder diverse Personen. Nicht, weil ich das Wort Hundeführer besonders mag oder es sehr zutreffend wäre – beim Trailen führt in erster Linie der Hund –, sondern einfach, weil es ein vertrauter Begriff ist, bei dem jeder weiß, wer gemeint ist - und auch, weil mir (leider) kein besserer einfällt.

Ihre Monika Schaal

Trails planen und begleiten

Es gibt nicht nur eine Methode, etwas zu lehren oder eine Art etwas zu gestalten – auch beim Trailen finden sich unterschiedliche Herangehensweisen. Entscheidend ist, dass sich Hund und Mensch dabei wohlfühlen, wertschätzend gearbeitet wird und Ausbilder sowie Hundeführer offen sind für neue Erkenntnisse. Ein sachkundiger Trainier mit breit gefächertem Wissen ist hier Gold wert. Er begleitet den Lernprozess, berät bei Problemen und sorgt mit einem soliden Trainingsaufbau dafür, dass Hund und Mensch Schritt für Schritt dazulernen und zum Team zusammenwachsen.

Trailen lernt man nicht im Schnellverfahren. Ein Workshop oder zeitlich limitierter Kurs ermöglicht einen ersten Einblick in die Materie oder kann einen bestimmten Aufgabenbereich vertiefen. Insgesamt jedoch ist das Training immer eine längerfristige Angelegenheit. Es dauert einfach, bis Hund und Mensch auf der richtigen Spur sind. Aber es macht auch die Faszination des Mantrailens aus, dass man immer wieder neu gefordert wird, das Vorgehen hinterfragen bzw. anpassen muss und man einfach nie auslernt.

Beim Trailen nehmen uns Hunde mit in ihre Welt – eine Welt der Gerüche

Was und wie riechen sie? Wie gehen sie mit den geruchlichen Informationen um? Hierzu gibt es viele Studien sowie immer wieder neue, interessante Erfahrungsberichte, es lohnt sich, sich damit ausführlicher zu beschäftigen. Wir sind da noch lange nicht am Ende unserer Beobachtungen und Erkenntnisse.

So ist beispielsweise noch nicht eindeutig geklärt, was genau der Hund riecht, wenn er dem Individualgeruch einer Person folgt. Sind es die abgestorbenen Hautzellen, Partikel aus der Atemluft, der Schweiß, der Hormonstatus? Ist es der Geruch, der durch die bakterielle Zersetzung der Ausscheidungen entsteht, ein Gemisch aus all diesen Komponenten oder orientiert er sich zusätzlich an etwas, das wir noch gar nicht berücksichtigen?

Auch bei der Art und Weise, wie sich Hunde auf der Geruchsspur voran arbeiten, bleiben noch Fragen offen. Das Wissen über Thermik oder die Auswirkung von Geländestrukturen und Wetter auf den Geruchsverlauf, sowie Versuche mithilfe von Rauch, Luftblasen o.ä. die Geruchsausbreitung dazustellen, können uns Anhaltspunkte geben, an welchen Stellen ein Geruch deutlich vorhanden sein müsste oder wo es (unserer Meinung nach) schwierig werden könnte. Ob es der Hund genauso wahrnimmt und wie er mit den Geruchsinformationen umgeht, können wir oftmals nur herausfinden, indem wir seine Arbeitsweise beobachten. Dabei fällt auf, dass die Vierbeiner individuelle Suchstrategien haben und so kann ein und dieselbe Spur von verschiedenen Hunden durchaus unterschiedlich ausgearbeitet werden.

Einzel-Trail oder Trail-Spaziergang?

Im Freizeitbereich wird häufig in Kleingruppen von 3 oder 4 Teams getrailt. Manchmal sind alle Teilnehmer in einer Art Spaziergang unterwegs und die Teams arbeiten dabei jeweils nacheinander ihre Trails. Das spart Zeit und man kann das Gelände weiträumiger nutzen, weil man nicht nach jedem Trail wieder zum Parkplatz zurückkehren muss.

Ich bevorzuge jedoch auch beim Gruppentraining den Einzel-Trail, bei dem immer nur ein Team arbeitet, die anderen Vierbeiner ruhen sich währenddessen aus, ihre Menschen fungieren als Helfer, Versteckperson oder begleiten den Trail. Meine Argumentation für dieses Vorgehen:

- Suchen ist Höchstleistung. Beim Suchen schnüffeln Hunde bis zu 300-mal pro Minute und ihre Körpertemperatur steigt dabei deutlich an. Sie brauchen danach Zeit zum Erholen, manche schätzen eine Art Schlussritual, bei dem sie zusammen mit ihrem Menschen zur Ruhe kommen. Auch viele Hundeführer freuen sich nach einem anstrengenden Trail über eine kleine Pause.

- Einige Hunde sind bereits mit dem Spaziergang dermaßen ausgelastet, dass sie kaum noch Kapazität für die eigentliche Sucharbeit haben, wenn sie dann an der Reihe sind. Die mitlaufenden Vierbeiner besitzen keinen automatischen »Ein-Aus-Schalter« und suchen häufig auch als »Spaziergänger« mit den Artgenossen weiter. Auch das Gehen an lockerer Leine, die verschiedenen Umwelt reize, Begegnungen und die Kommunikation mit den Artgenossen erfordern einige Aufmerksamkeit.

- Die begleitenden Teilnehmer können sich voll auf das Beobachten des arbeitenden Teams konzentrieren, ohne auf ihren eigenen Hund achten zu müssen.

- Auf einem Trail-Spaziergang ist es schwieriger, dem teilweise doch unterschiedlichen Ausbildungsstand der Teams auf Dauer gerecht zu werden. Beim Einzel-Trail können die Wege genutzt und genau die Aufgaben gestellt werden, die dem einzelnen Team angemessen sind und es weiterbringen.

Die pausierenden Hunde warten an einem geeigneten Rückzugsort oder erholen sich im Auto. Wichtig ist, dass sie sich dort wohlfühlen und wirklich ruhen können. Ein Teilnehmer bleibt bei den Fahrzeugen und beaufsichtigt die Hunde, sodass bei Bedarf Fenster und Türen offenbleiben können.

Das Übungsgelände

Beim Trailen spricht man von »grünen Strecken«, wenn die Spur über einen natürlichen Untergrund wie unbefestigte Wege, Wiesen oder Waldgebiete führt. »Grau« bedeutet asphaltierte Wege und ein eher städtisches Umfeld, sowie Trails in oder durch Gebäude.

Wir trainieren von Anfang an auf wechselndem Untergrund, die Trails verlaufen über Asphalt, Gras- und Waldboden, Schotter oder Sand. Dazu eignen sich ruhige Wohnsiedlungen, Parkanlagen oder Waldgebiete. Die Strecken für fortgeschrittene Teams führen dann nach und nach durch Gebiete mit mehr optischen und geruchlichen Ablenkungen und strukturellen Herausforderungen wie Innenstädte, Bahnhöfe, Brücken, Unterführungen oder frei zugängliche Gebäude.

Je mehr unterschiedliche Gebiete für das Training zur Verfügung stehen, umso besser. Das bringt nicht nur Abwechslung, sondern sorgt vor allem dafür, dass für jede Ausbildungsstufe etwas dabei ist.

Manchmal bietet sich die Gelegenheit, in einer besonderen Umgebung zu trainieren: in Freizeitparks, einem größeren Anwesen, einer Burganlage, dem Museumsdorf oder auf einem Campingplatz. Hier finden Sie Bedingungen, die sonst eher nicht so komprimiert an einem Ort anzutreffen sind, wie Wege mit vielen Abzweigungen, Gebäude, enge Durchgänge, Innenhöfe, Brücken, Bachläufe oder kleine Aussichtstürmchen. Dazu evtl. noch Touristen, ein Kiosk mit Speisen, Tiergehege oder freilaufende Hühner und Enten.

Diese alte Jugendstil-Villa direkt am See mit ihrem parkähnlichen Garten bietet viele Möglichkeiten für einen interessanten Trail-Tag: Spuren durch den naturbelassenen Teil des Gartens bis zum See oder durch und um das große Wohnhaus mit den zahlreichen Zimmern, Erkern und Terrassen, Verstecke im Wäldchen, am Ufer oder bei den verschiedenen Nebengebäuden.

Nach Möglichkeit sollten Sie ein solches Gelände zuvor besichtigen. So bemerken Sie, an welchen Stellen viel Betrieb herrscht und welche Strecken und Verstecke für das jeweilige Team geeignet sind. Erkundigen Sie sich auf alle Fälle im Vorfeld, ob Sie das Training dort anmelden müssen, zu welche Zeiten Sie trainieren können und welche Bereiche der Anlage Sie benutzen dürfen.

Geländestrukturen und ihre Besonderheiten

Mantrailer verfolgen Spuren in ländlicher Umgebung genauso wie in bebauten Gebieten und müssen dabei mit unterschiedlichen Bedingungen zurechtkommen.

Manche Strecken machen es dem Hund wahrscheinlich einfacher, der Geruchsspur zu folgen. An Zäunen, Hecken, Häuserzeilen oder Mauern fangen sich häufig die Geruchspartikel und der Hund hat hier große Chancen, den Geruch aufzunehmen und zu verfolgen. Erfahrene Trailhunde machen sich dies zunutze und wählen oft bewusst den Weg entlang dieser Begrenzungen. Nachteilig ist, dass diese Strukturen auch optisch eine Art Korridor bilden, die manches Team dazu verleitet, einfach diesen Begrenzungen zu folgen, besonders dann, wenn die Konzentration nachlässt.

Andere Passagen bereiten dem Vierbeiner zunächst vermutlich etwas mehr Mühe. Hier ein paar Beispiele:

Im unwegsamen Gelände ist neben Erfahrung auch Geschicklichkeit und körperliche Fitness von Hund und Mensch erforderlich. Die Spur scheint über den Baumstamm zu führen. Kann das Team ihn überklettern oder muss er umgangen werden? Und an welcher Stelle danach wird der Hund wieder angesetzt?

Aufgrund baulicher und topographischer Bedingungen oder starker Luftbewegungen findet der Hund den gesuchten Geruch oftmals an Stellen, an denen die Versteckperson nie war.

- Auf Kreuzungen, größeren freien Plätzen oder einem Kreisverkehr wird der Geruch durch die Wind- und Wetterverhältnisse sowie Bewegungen der Fahrzeuge, oftmals an Stellen getragen, an denen die Versteckperson nie war.

- In Tallagen, Senken, Gebäudeecken, Innenhöfen oder Einfahrten können sich die Geruchspartikel ansammeln und festsetzen. Gerät der Hund in einen solchen Bereich, ist der gesuchte Geruch »plötzlich« überall um ihn herum und er muss die Spur finden, die von dort aus weiterführt oder innerhalb dieser Geruchsansammlung die vermisste Person lokalisieren.

- Im Inneren von Gebäuden oder in dicht bebautem Gebiet mit vielen Ecken und Nischen, gibt es Stellen, die fast vollständig von der Luftströmung abgeschnitten sind, sodass der Hund kaum Geruch von einer dort stehenden Versteckperson wahrnehmen kann.

- Bei der Suche in bergigem Gelände beeinflussen Auf- und Abwinde sowie unterschiedliche Temperaturzonen den Geruchsverlauf.

Hier braucht auch das Nasentier Hund einige Übung und muss erst Erfahrungen mit bestimmten Situationen oder Umgebungen sammeln, um die Spur sicher halten zu können.

Die Trail-Begleiter

Mantrailen ist Teamarbeit. Der Hund bringt seine enorme Riechleistung ein, der Hundeführer sorgt dafür, dass sein Hund ungestört arbeiten kann und die Team-Mitglieder, vom Ausbilder über die Trailbegleiter bis hin zur Versteckperson, unterstützen mit Rat und Tat, ohne das arbeitende Team zu behindern oder zu beeinflussen.

Ausbilder und Helfer

Ein Ausbilder oder Trailverantwortlicher begleitet das Team durch den Trail. Er klärt im Vorfeld mit dem jeweiligen Hundeführer ab, welche Infos und Hilfestellung dieser während des Trails braucht und was anschließend besprochen werden kann.

Er verhält sich möglichst neutral bzw. beobachtet, ob und in welchem Ausmaß sein Verhalten Einfluss auf das Suchverhalten hat. Einige Hundeführer werden beispielsweise automatisch langsamer, sobald der Ausbilder nicht mehr in gewohntem Abstand hinterhergeht oder schreiten forsch voran, wenn sie bestätigende Laute von hinten vernehmen. Manche Hunde haben sich daran gewöhnt, auch auf Anweisungen von »hinten« zu achten, und reagieren bei bestimmten, oft wiederholten Worten des Ausbilders bereits von sich aus, sie schauen sich um oder ändern ihr Suchverhalten.

Ein neutrales Verhalten könnte sein: Der Ausbilder bleibt in der Lernphase unmittelbar beim Team, unabhängig davon, ob dieses nun gerade richtig ist oder nicht. Er gibt seine Anweisungen in sachlichem Tonfall und nutzt dabei unterschiedliche Formulierungen, vereinbarte Sichtzeichen oder die Verständigung über ein Headset. Die enge Begleitung kann dann zunehmend reduziert werden, sodass das Team immer unabhängiger und selbstständiger wird.

Je nach Umgebung ist zusätzlich ein absichernder Begleiter, auch Flanker genannt, ratsam, denn oft folgt der Hundeführer seinem Hund so konzentriert, dass er die Umwelt nur selektiv wahrnimmt. Der Flanker informiert den Hundeführer darüber, dass sie sich einer stark befahrenen Straße nähern, Radfahrer überholen, ein freilaufender Hund unterwegs ist oder mehrere Passanten entgegenkommen. Im Straßenverkehr läuft er nahe hinter dem Team, am besten etwas seitlich versetzt zur Straße hin. So schirmt er es von hinten ab und kann evtl. den nachfolgenden Verkehr etwas abstoppen bzw. eingreifen, falls der Hund beim Suchen plötzlich die Straßenseite wechselt. Evtl. trägt der Begleiter auch die Wasserflasche und sonstige Utensilien des Teams oder leuchtet bei Dunkelheit bestimmte Stellen aus.

In manchen Ausbildungsphasen ist es sinnvoll, das Team zu filmen, um alle Einzelheiten zu erkennen und später den Trail gemeinsam zu analysieren. Für aussagekräftige Aufnahmen sollte weitestgehend im Übersichtsmodus gefilmt werden, damit Hund, Hundeführer und einiges von der Umgebung zu sehen sind. Dazu benötigt der filmende Begleiter unter Umständen ebenfalls eine Absicherung, weil er währenddessen nicht auch noch die Umgebung im Auge behalten kann.

Auch die Kommunikation mit interessierten Passanten fällt in den Aufgabenbereich der

Begleitpersonen. Oft werden Trailer auf ihr Tun angesprochen, ein Helfer kann dann eine kurze Erklärung abgeben, während das Team weitersucht.

Sprechen Sie sich ab, wer welche Rolle übernimmt, sodass sich das Team jederzeit sicher und gut betreut fühlt und sich voll aufs Trailen konzentrieren kann.

Die Gruppe hinter dem Hund

Häufig gehen neben Ausbilder und Helfer noch weitere Hundeführer mit auf die Strecke, um ihre eigene Beobachtungsgabe zu schulen. Als Zuschauer mit einigem Abstand zum arbeitenden Team ist es einfacher, die Signale des Hundes und das Zusammenspiel von Hund und Mensch zu bemerken.

Diese Menschengruppe kann ein Team, wenn auch unbeabsichtigt, ziemlich aus dem Konzept bringen. Vor allem für unsichere und nicht so erfahrene Teams wird ungeschicktes oder vom gewohnten abweichendes Verhalten der Begleitpersonen schnell zum Störfaktor. Überlegen Sie innerhalb Ihrer Trainingsgruppe, ob und wie sich das Verhalten der Begleiter auf das arbeitende Team auswirkt, und wie sich diese Beeinflussung vermeiden lässt.

Beispiele:

- Manchmal folgt die Gruppe so dynamisch nach und schließt so dicht auf, dass sie das Team geradezu voranschiebt. Selbstbewusste und ihrer Sache sichere Hunde nehmen sich dennoch den Raum, den sie brauchen, um die Spur auszuarbeiten, andere sind irritiert oder lassen sich in ihrer Wegführung beeinflussen.
- Wenn ein Hund umdrehen und die Strecke zurückgehen möchte, wirkt eine dicht nachfolgende Gruppe manchmal wie eine Mauer. Er zögert womöglich, umgeht die eng beieinanderstehenden Menschen und kommt so unter Umständen von der Spur ab.
- Einige Begleiter machen dem Hund Platz, in dem sie auffällig aus dem Weg gehen oder sich zur Seite drehen. Diese Bewegungen können vom Hund als richtungsweisend gedeutet werden und ihn dazu veranlassen, zunächst in diese Richtung weiterzugehen.
- In Kenntnis des Streckenverlaufs gehen viele Begleiter wie selbstverständlich hinterher, solange der Hund auf der richtigen Spur ist, werden jedoch langsamer und stoppen, sobald der Hund eine falsche Richtung einschlägt. Für einige Vierbeiner wird dieses Verhalten mit der Zeit zum Hinweis für richtig oder falsch, sie zögern oder wenden, wenn die Gruppe nicht mehr in gewohnter Weise nachfolgt.

Neutrales Verhalten: Die Gruppe folgt in lockerer Formation und genügend, möglichst gleichbleibendem Abstand nach, unabhängig davon, ob der Trailverlauf korrekt ist. Der Hund kann so die Spur selbstständig ausarbeiten mit allen Richtungsänderungen und Absicherungen, die er dazu braucht. Kehrt er um, bleiben die Begleiter stehen, verhalten sich neutral, lassen das Team passieren und wenden sich erst danach ebenfalls der neuen Richtung zu.

Wenn Hund und Mensch zunehmend Sicherheit in die eigenen Fähigkeiten erworben haben, spielt das Verhalten der Begleiter meist keine so entscheidende Rolle mehr. Durch kleine Veränderungen (die Gruppe bleibt z.B. kurz stehen und schließt dann wieder auf) gewöhnt sich das Team zudem an unterschiedliche Verhaltensmuster der nachfolgenden Menschen und daran, dass deren Verhalten keine Rückschlüsse auf richtig oder falsch zulässt.

Achtsam unterwegs
Trailen findet überwiegend im öffentlichen Raum statt, deshalb ist ein rücksichtsvolles Miteinander wichtig.

Als Freizeitgruppe sollten Sie korrekterweise nicht ohne Einverständnis der Eigentümer die Trails über Privatgrundstücke legen, Gartenpforten öffnen oder sich in offenen Garagen verstecken. Andererseits sind Einfahrten, Hauseingänge oder das Umfeld von Gebäuden ein gutes Übungsgelände. Ich habe es nur ganz selten erlebt, dass uns auf eine höfliche Anfrage oder Erklärungen zu unserem Tun der Zutritt verwehrt wurde.

Beachten Sie bei Trails durch Wald und Flur die Brut- und Setzzeit der Wildtiere und nehmen Sie Rücksicht auf die Belange der Grundstücksbesitzer. Auch eine Obstbaumwiese, ein Gartenhäuschen oder der frisch umgepflügte Acker gehören jemandem.

Warnwesten für Personen und Reflektoren am Hundegeschirr helfen, besser gesehen zu werden, besonders bei Dunkelheit und schlechten Wetterbedingungen. Zusätzlich geben sie Passanten einen Hinweis darauf, dass der Hund gerade mit einem bestimmten Auftrag unterwegs ist und nicht einfach unerzogen an der Leine zieht.

Ein achtsamer Umgang mit der langen Suchleine und Begleiter, die das Team absichern, sorgen dafür, dass niemand zu Schaden kommt.

Rechnen Sie als Versteckperson damit, dass Sie Verwunderung auslösen und angesprochen werden, wenn Sie sich hinter Mülltonnen quetschen, auf einer Parkbank liegen, mehr oder weniger unbeweglich im Hauseingang lehnen, unter einer Brücke stehen oder sich in einer Ecke zusammenkauern.

Versteckpersonen

Aus organisatorischen Gründen übernimmt meist ein Teilnehmer der Trainingsgruppe die Rolle der vermissten Person. Versuchen Sie dennoch ab und an unterschiedlichste Fremdpersonen dafür zu gewinnen und beobachten Sie, wie der Hund darauf reagiert.

Einige Vierbeiner verfolgen den fremden Geruch sehr interessiert, andere machen keinen Unterschied zwischen vertraut und unbekannt und wieder andere suchen den unbekannten Vermissten gar nicht so begeistert wie erhofft. Das kann daran liegen, dass der Hund auch beim Trailen situationsbezogen lernt, sich die Gerüche der Versteckpersonen und die positiven Erfahrungen, die damit zusammenhängen, merkt. Wenn man schon lange in der gleichen Zusammensetzung miteinander trainiert, weiß der Hund: es lohnt sich Ankes Geruchsspur zu folgen und es ist ein ausgesprochen gutes Gefühl, bei Iris anzukommen. Mit einem unbekannten Geruch verbindet er jedoch noch keine positiven Erlebnisse. Und so kann es durchaus sein, dass er nicht ganz so motiviert startet. Er muss erst lernen, dass es jedes Mal höchst erfreulich und lohnend ist, wenn er dem Geruch bis zur jeweiligen Versteckperson folgt, unabhängig davon, ob bekannt oder unbekannt.

Jeder Trailer kennt das kleine Glücksgefühl beim Auffinden der Versteckperson.

Tipps für die Versteckperson:

- Legen Sie die Spur in Absprache mit dem Trailverantwortlichen, suchen Sie das Versteck auf, in welches Sie geschickt werden, und positionieren Sie sich dort wie verabredet. Der Ausbilder stimmt den Trail auf den Ausbildungsstand des Teams ab, da kann eine, auch gut gemeinte, Abweichung das Team in erhebliche Schwierigkeiten bringen und kontraproduktiv sein.

- Lässt Ihnen der Trailverantwortliche freie Hand beim Streckenverlauf und Versteck, sollten dennoch zuvor die wichtigsten Eckpunkte abgesprochen werden, wie Streckenlänge, mögliche Schwierigkeiten oder Auffindesituation.

- Teilen Sie dem Trailverantwortlichen mit, falls Wegführung oder Versteck von dem abweichen, was besprochen wurde. Es kann immer mal vorkommen, dass ein Weg doch nicht begehbar ist, ein geplantes Versteck nicht aufgesucht werden kann oder wieder verlassen werden muss, weil beispielsweise dort ein Fahrzeug parkt oder ein Tor geschlossen wird.

- Versuchen Sie so neutral wie möglich zu bleiben, wenn sich der Hund Ihrem

Auffindeort nähert. Locken Sie ihn nicht an und freuen Sie sich nicht früher als der Hund, sondern warten Sie damit, bis er Sie selbstständig gefunden hat.

- Loben und belohnen Sie ihn in Absprache mit dem Hundeführer. Manche Hunde möchten beispielsweise nicht gestreichelt werden, solange sie ihre Futterbelohnung verspeisen. Einige sind eher zurückhaltend, andere wiederum recht stürmisch und brauchen daher jeweils ein auf sie abgestimmtes Vorgehen.

Wer kennt den Streckenverlauf?

Beim Trailen begegnen Ihnen die Begriffe »Wissend trailen«, »Single Blind«, »Double Blind« oder »Markierungen setzen«. Was ist damit gemeint? Welche Vor- oder Nachteile haben die einzelnen Vorgehensweisen?

Wissend trailen ...

... bedeutet, der Hundeführer kennt den Streckenverlauf und das Versteck. Aber, wer den Weg kennt, verlässt sich oftmals nicht mehr ausschließlich auf seinen Hund, was diesem nicht verborgen bleibt. Deshalb sollten solche Trails sehr überlegt eingesetzt werden.

Ein Einsatzgebiet wäre beispielsweise, den Hund lesen zu lernen. Für manche Hundeführer ist es einfacher, die Signale des Hundes wahrzunehmen und einzuordnen, wenn sie diese im Zusammenhang mit der ihnen bekannten Streckenführung beobachten.

Wie fühlt es sich an und wie schaut seine Körpersprache aus, wenn der Hund

- auf der richtigen Spur unterwegs ist und den Geruch deutlich in der Nase hat,
- kurz vor dem Auffinden der Versteckperson steht,
- von der Strecke abkommt, unsicher wird, nur wenig Geruch wahrnehmen kann,
- sich den Spurverlauf erarbeitet, d.h. sich vergewissert, wo es beispielsweise bei einer Abbiegung weitergeht,
- signalisiert, dass es hier nicht mehr weitergeht, er bei einer Sackgasse wieder umkehren möchte,
- offenbar nur mal kurz schauen und riechen, den Weg aber nicht weitergehen will,
- die Spur verloren hat bzw. keine mit dem Geruchsgegenstand übereinstimmende Spur finden kann.

Auch, wenn nicht alle Signale bis ins kleinste Detail erkannt und zugeordnet werden können, so erkennt man mit der Zeit doch bestimmte Verhaltensmuster, kann den Vierbeiner immer schneller und zuverlässiger lesen und darauf reagieren.

Die große Gefahr beim wissenden Trailen liegt jedoch darin, dass der Hundeführer versucht, den Hund zu führen oder ihm in Kenntnis der Strecke unbewusst die Richtung vorgibt und ihn so mehr oder weniger ins Ziel mogelt. Viele Hunde spüren, wohin ihr Mensch gerade gehen würde, auch wenn dieser nur in eine bestimmte Richtung »denkt«. Manche lassen sich davon beeinflussen oder warten dann mit der Zeit richtiggehend auf diese Signale, anstatt ihre eigenen Fähigkeiten einzusetzen. Es braucht große Selbstdisziplin vom Hundeführer und den Begleitern, neutral hinter dem Hund herzugehen, ihn arbeiten zu lassen und nur zu beobachten.

Single-Blind-Trails

Die meisten Trainingstrails werden wahrscheinlich im Single-Blind-Modus gearbeitet: Trainer und Helfer kennen den Weg, dem Hundeführer ist er fremd.

Bei diesen Trails übt das Team, unbekannte Strecken zuverlässig zu meistern. Es gewinnt immer mehr Sicherheit in die eigenen Fähigkeiten und festigt dabei das feine Zusammenspiel, welches das Trailen so besonders macht. Der Hund erarbeitet eigenständig, ausdauernd und mit Freude den Spurverlauf und setzt dies bei Bedarf auch gegen die Empfindungen des Hundeführers durch. Dieser überlässt dem Hund die Führung, hält ihm den Rücken frei und unterstützt ihn an den Stellen und in den Momenten, in denen dies nötig und sinnvoll ist. Es ist ein unbeschreiblich gutes Gefühl, einen unbekannten Trail mit all den kleinen oder größeren Herausforderungen selbstständig zu bewältigen und dann bei der Versteckperson anzukommen.

Bei diesem Lernprozess hat das Team immer noch den Rückhalt durch die Begleitperson, die im Notfall eingreift und es durch eine gezielte Hilfestellung wieder auf die richtige Spur bringen kann.

Double Blind

Hier kennt niemand außer der Versteckperson den Weg und das Ziel. Es ist ein realitätsnaher Trail, bei dem alle darauf vertrauen, dass der Hund weiß, wohin die Spur führt.

Für viele Hundeführer sind Double-Blind-Trails ein Abenteuer, eine Challenge, die sie gerne mal ausprobieren wollen, und tatsächlich ist es eine Herausforderung, an die man jedoch mit Bedacht herangehen sollte. Ein gelungener Blind-Trail begeistert und gibt oft einen großen Auftrieb. Double Blinds die ständig im »Aus« landen, abgebrochen werden müssen oder nur mit viel

Der Hund hat den Trail verloren – ein erfahrener Ausbilder/Trailbegleiter ist auch beim Double Blind eine gute Unterstützung. Er rät zu einer kurzen Pause und überlegt zusammen mit dem Hundeführer, an welcher Stelle der Hund noch sicher auf der Spur war und nochmals angesetzt werden könnte oder wo er sich auffällig verhalten hat.

Hilfe doch noch irgendwie zu Ende gebracht werden, sind nicht sehr zielführend. Andererseits können Probleme auf der Strecke auch eine Lernerfahrung sein und sowohl Team als auch Ausbilder aufzeigen, woran es noch fehlt.

Tipp: Planen Sie die ersten Trails etwas unter dem Leistungsniveau des Teams.

Zeichnen Sie den Weg der Versteckperson und die Strecke des Trailteams auf (Handy, GPS-Gerät) und vergleichen Sie diese miteinander. Der Hundeführer berichtet, wann er und sein Hund gut unterwegs waren und wo es Schwierigkeiten gab, auch die Begleiter teilen ihre Beobachtungen mit. So können alle einen Gewinn daraus ziehen und das weitere Training darauf abstimmen.

Markierungen auf der Spur

Es hängt von der Ausbildungsmethode und den Gewohnheiten ab, ob Sie mit Flatterbändern an Bäumen, Fähnchen im Boden, aus Stöckchen gelegten Wegzeigern oder Kreidezeichen auf Asphalt arbeiten.

Ab und an sind solche Markierungen recht praktisch. Sie vermitteln Sicherheit, wenn das Team mal ohne Begleiter trailt, und tragen bei begleiteten Trails dazu bei, dass der Hundeführer die Signale seines Vierbeiners gezielt wahrnehmen und einordnen kann.

Markierungen haben allerdings auch Nachteile. Sie beeinflussen, ob man will oder nicht, das Verhalten des Hundeführers und damit auch das Suchverhalten des Hundes. Manchmal reicht es schon, langsamer zu werden, um nach Zeichen zu suchen oder etwas verunsichert zu sein, weil man schon lange keine Markierung mehr gesehen hat, um den Hund aus dem Trailfluss zu bringen. Wenn sich der Hundeführer erleichtert einer Markierung zuwendet, gibt er damit unbewusst auch seinem Hund eine bestimmte Richtung vor. Dazu kommt, dass die Zeichen auch von einigen Hunden optisch wahrgenommen werden und ihnen unter Umständen als Orientierungshilfe dienen.

Der markierte Weg stimmt oftmals nicht mit dem vom Hund wahrgenommenen Geruchskorridor überein. Straßenverkehr, Witterungsbedingungen oder die örtlichen Gegebenheiten sorgen dafür, dass die Geruchspartikel an Stellen landen, an denen die Versteckperson nie entlanggegangen ist. Wenn man versucht, den Hund auf der markierten Spur zu halten, nimmt man ihm unter Umständen die Möglichkeit, an den Stellen zu schnüffeln, an welchen er den Geruch am deutlichsten riechen kann.

Einfach oder schwierig?

Die Gliederung der nachfolgenden Trail-Vorschläge erfolgt bewusst nicht nach Schwierigkeitsgraden, denn diese werden von Team zu Team sowie von Hund und Mensch völlig unterschiedlich wahrgenommen. So mancher, uns Menschen einfach und uninteressant erscheinende Trail erweist sich als Herausforderung für den Vierbeiner, während er eine spektakulär anmutende Aufgabe oder einen uns fordernden Trail erstaunlich leicht bewältigt. Dazu kommt, dass man auch bei guter Planung nicht alle Schwierigkeiten voraussehen kann. Ein einfacher Trail wird plötzlich schwierig, weil auf der Strecke deutlich mehr Autos fahren als üblich, unerwartete Begegnungen das Team zum Anhalten zwingen oder sonstige unvorhersehbare Dinge passieren.

Ein paar Tipps für die Auswahl der Aufgaben:

- Wählen Sie aus den vorgestellten Trails und Einzelaufgaben diejenigen aus, welche am bestem zum Ausbildungsstand, Lernziel oder dem zur Verfügung stehenden Gelände passen.

- Wenn Sie etwas Neues in Angriff nehmen, ist es ratsam, den restlichen Trail einfacher oder kürzer zu halten. Setzen Sie die einzelnen Herausforderungen dann nach und nach zu längeren oder anspruchsvolleren Trails zusammen.

- Versuchen Sie die Trails in Bezug auf Länge, Streckenführung und Versteckposition variabel zu gestalten. Bereits nach wenigen gleich oder ähnlich verlaufenden Trails gewöhnen sich Hund und Mensch an bestimmte Abläufe und ziehen unter Umständen ihre Schlüsse: sie schauen nach ähnlich aussehenden Verstecken, vermuten, dass die Versteckperson wieder schmale Pfade genützt hat oder erwarten, dass sie – wie schon so oft – nach 100 Metern bei der gesuchten Person sein müssten.

- Das bedeutet aber nicht, dass jeder Trail besonders aufregend sein oder unbedingt neue Elemente enthalten sollte. Auch Trails mit vertrauten Aufgaben und Abläufen können motivieren und Spaß machen, weil sie mit großer Wahrscheinlichkeit erfolgreich verlaufen und so dem Team Sicherheit geben.

- Manchmal reichen bereits kleine Veränderungen, damit ein Trail interessant bleibt und Hund und Mensch neue Lernerfahrungen machen.

Mit der Zeit entwickeln Sie einen Blick dafür, welches Umfeld sich für diesen oder jenen Trail eignet, Sie bekommen ein Gespür dafür, was gerade heute für das jeweilige Team das richtige ist. Sie erkennen, wann eine neue Herausforderung angebracht ist, oder Sie nochmals einen Übungsschritt zurückgehen sollten und wie Sie die beschriebenen Übungen an Ihre aktuelle Situation vor Ort anpassen können.

Ein für mich wichtiger Punkt ist, dass die Begeisterung von Hund und Mensch langfristig erhalten bleibt, sowie die Neugier darauf, was für das Team noch alles möglich ist.

> Neue Herausforderungen machen den meisten Hundeführern Spaß, doch für eine solide Basis braucht es auch viele Wiederholungen. Damit die bereits bekannten und vermeintlich einfachen Übungen interessant bleiben, können sie immer wieder neu belebt werden: in einer anderen Umgebung, mit neuen Versteckpersonen, geringfügigen Abwandlungen oder eingebunden in eine Trail-Geschichte – und schon wird aus dem Gewohnten eine etwas andere Aufgabe.

Ideen für den Start

Konzentriert starten

Hund und Mensch sind wie in ihrer eigenen Welt und vollkommen fokussiert auf die vor ihnen liegende Aufgabe. Alles andere drumherum wird nebensächlich, die Unruhe im Startbereich, die Zuschauer, das Alltagsgeschehen.

Was so einfach und logisch klingt, braucht in der Praxis einige Übung. Ein ritualisiertes Vorgehen hilft Mensch und Hund, sich praktisch und mental auf den Trail vorzubereiten.

Diese Punkte können Teil des Rituals sein:

- Eigene Vorbereitung: Ausrüstung bereitlegen, vom Hundegeschirr bis hin zur Wasserflasche, sich über den Suchauftrag informieren, Geruchsträger übernehmen, Belohnungshäppchen an die Versteckperson übergeben.

- Vorbereitung des Hundes: In Ruhe aus dem Auto holen, lösen lassen, evtl. im Startbereich umhergehen, damit er sich mit der Umgebung, den Gerüchen und anwesenden Personen vertraut machen kann. Für einige Vierbeiner ist es angenehmer, wenn sie bereits jetzt das Geschirr angelegt bekommen, bei anderen geschieht dies erst am Startpunkt.

- Für beide: Sich auf dem Weg zum Startpunkt nicht mehr in Gespräche verwickeln lassen. Dort erhält der Hund den Geruchsgegenstand, kann ihn in Ruhe beschnuppern, dabei bekommt er das Signal zum Anriechen, danach folgt das Signal zum Trailen.

Wie das Vorgehen dann im Einzelnen ausschaut, hängt von der Trainingsmethode und vor allem den Bedürfnissen des Teams ab. Wichtig, nicht nur bezüglich des Startrituals: Nutzen Sie Abläufe und Strategien, weil diese für Sie und den Hund sinnvoll sind, und nicht, weil Sie mal gehört haben, dass man das so macht.

Wo geht es los?

Hunde erkennen den Verlauf einer Spur, sie bemerken, woher ein Geruch kommt und wohin er führt. Es wäre für sie als Beutegreifer auch recht ungeschickt, wenn sie der Spur einer potenziellen Beute in die verkehrte Richtung folgen würden. Sie brauchen aber ausreichend Gelegenheit und den Freiraum, diese Fähigkeit zu perfektionieren. Starts, bei denen das Team aus verschiedenen Richtungen auf die Spur trifft, sind dabei sehr hilfreich.

Ablauf: Der Vierbeiner erarbeitet den Spurbeginn und zeigt den Richtungsverlauf an, dann erst folgt der Mensch nach. Der Hundeführer nimmt zunächst die Beobachterrolle ein und versucht, die eigene Körpersprache und evtl. aufkommende Ungeduld zu kontrollieren. Der Hund wird nicht in eine bestimmte Richtung gedrängt oder durch gut gemeinte, auffordernde Gesten dazu animiert, nun endlich loszulaufen.

Wenn der Trainingsschwerpunkt darauf liegt, die Signale des Hundes wahrzunehmen und einzuordnen, kann der Hundeführer ohne Hund beim Start der Versteckperson zuschauen bzw. über die Startrichtung informiert werden (wissend trailen).

Im weiteren Trainingsverlauf wird der Abgang außer Sicht des suchenden Teams gelegt

(Single Blind). Der Trailverantwortliche gibt dem Hundeführer einen Startpunkt vor, ohne ihm zu sagen, aus welcher Richtung das Team dabei auf die Spur trifft, oder bezeichnet nur den Startbereich und lässt dem Hundeführer freie Hand, an welcher Stelle und in welche Richtung er den Hund ansetzt.

Rechts-links-Entscheidung

Für einige Hunde ist es anfangs etwas einfacher, wenn sie zwar selbstständig entscheiden müssen, wohin die Spur führt, jedoch nicht allzu viele Entscheidungsmöglichkeiten haben.

Startpunkt Versteckperson: Entlang einer Wand, Mauer oder auf einem schmalen Weg mit seitlicher Begrenzung, an der sich der Geruch fangen kann.

Rechts-links-Entscheidung an einer Wand entlang. Der Hund trifft auf die Spur, nimmt den Geruch auf und findet in den Spurverlauf.

Der Trail führt mehrere Meter geradeaus, ehe die Versteckperson eine Abbiegung nimmt.

Ablauf: Das Team startet so, dass es T-förmig auf die Wand zugeht oder aus einer Seitenstraße kommend auf diese Geradeaus-Strecke trifft.

Viele Vierbeiner drehen den Kopf und teilweise den ganzen Vorderkörper zuerst in die Richtung, aus welcher der Geruch kommt. Manche verharren kurz, schnüffeln am Boden oder nehmen die Nase hoch, ehe sie sich für eine Richtung entscheiden und an der für sie typischen »jetzt folge ich der Spur Haltung« erkennen lassen, dass sie die Spur aufgenommen haben.

Im Kreuzungsbereich

Hier könnten Sie mit einer Weggabelung beginnen, die nächsten Starts sind dann an Kreuzungen mit drei oder vier Abzweigungen bis hin zu größeren Plätzen, von denen mehrere Wege abgehen.

Anfangs ist es von Vorteil, wenn eine nicht genützte Abzweigung nach wenigen Metern endet (Stichstraße mit Wendeplatte, Fußweg zu einem Gebäude o.ä.). Das erleichtert dem Hund das Umkehren, falls er sich für diesen falschen Weg entscheidet.

Startpunkt Versteckperson: Im Einmündungsbereich einer der Wege, die zur Kreuzung führen. Sie geht bis zur Kreuzungsmitte, biegt in den weiterführenden Weg ein und geht danach noch eine gewisse Strecke weiter bis zum Auffindeort.

Ablauf: Der Hund wird am Startpunkt der Versteckperson angesetzt oder startet bei großen Kreuzungen auch mal in der Kreuzungsmitte. Oftmals nützen die Vierbeiner die ihnen zur Verfügung stehende Leinenlänge voll aus und gehen zunächst im Kreis die Kreuzung ab, bis sie den richtigen Abgang finden und die Spur aufnehmen.

Mit dem Rücken zur Spur

Startpunkt Versteckperson: Eine nicht allzu breite Straße mit seitlichen Begrenzungen.

Ablauf: Das Team startet an der Stelle, an welcher die Versteckperson losgelaufen ist, jedoch mit dem Rücken zum Spurverlauf. In dieser Position erhält der Vierbeiner den Geruchsgegenstand mit dem Signal zum Anriechen und das Startsignal und soll sich nun selbstständig zum Trail hin ausrichten. Der Hundeführer versucht, seinem Hund dabei nicht im Wege zu stehen, was in engen Gassen oftmals nicht so einfach ist, und wartet, bis er von sich aus in den Spurverlauf findet, auch wenn dies etwas dauert. Manche Hunde drehen sich zwar direkt nach dem Anriechen ein wenig in Richtung des Spurverlaufs, gehen aber dennoch erst einige Schritte in die Richtung, in die sie angesetzt wurden. Andere wenden so abrupt, dass sie fast in den hinter ihnen stehenden Hundeführer hineinlaufen.

Neben der Spur

Der Hund wird nicht direkt am Startpunkt der Spur angesetzt, sondern etwas entfernt dazu. Er befindet sich somit nicht mehr unmittelbar im Geruch der Versteckperson, sondern muss erst ein oder mehrere Meter überbrücken, um in den Spurverlauf zu finden.

Startpunkt Versteckperson: Ein breiterer Weg in einer verkehrsberuhigten Lage. Die Versteckperson startet beispielsweise am rechten Wegrand.

Ablauf: Der Hund wird mit ca. zwei Meter Abstand dazu am linken Wegrand angesetzt und erhält ausreichend Leinenlänge, um sich zu orientierten. Vielleicht zögert er zunächst oder läuft eine Art Kreisbogen. Meist werden die Bewegungen zielstrebiger, sobald der Hund den Abgang gefunden hat und der Spur folgt.

U-förmiger Spurverlauf

Dafür eignet sich eine breite Straße mit Gehweg oder ein langgezogener, nicht allzu breiter Parkplatz bzw. Wiesengrundstück.

Startpunkt Versteckperson: Auf dem Gehweg oder am Rand einer breiten Straße. Sie läuft diese mindestens 20 Meter entlang, überquert die Straße, geht auf der anderen Straßenseite wieder 20 Meter zurück und anschließend noch eine gewisse Strecke weiter, ehe sie abbiegt und ein Versteck aufsucht.

Ablauf: Der Hund wird auf der Straßenmitte angesetzt, der Hundeführer achtet darauf, ihn nicht zu behindern, wenn dieser zunächst ein wenig hin und her sucht und dabei von einer Straßenseite zur anderen pendelt. Einige Vierbeiner entscheiden sich gleich für die um einen Bruchteil frischere Rückspur, während andere das U in Gänze ausarbeiten.

Unterschiedliche Startpositionen

Rot: Startpunkt und Strecke Versteckperson

Grün: Startpunkt Trail-Team

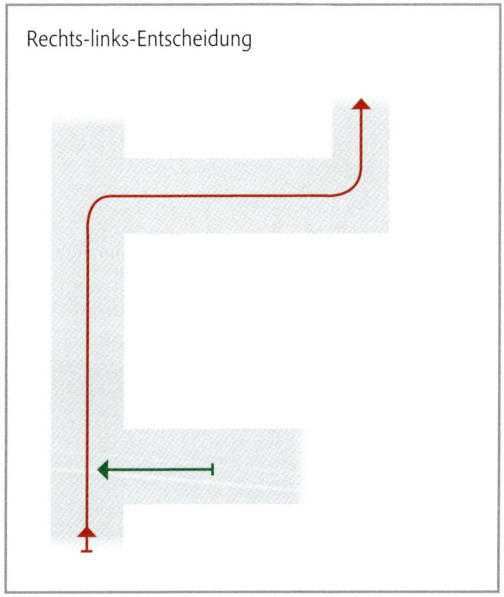

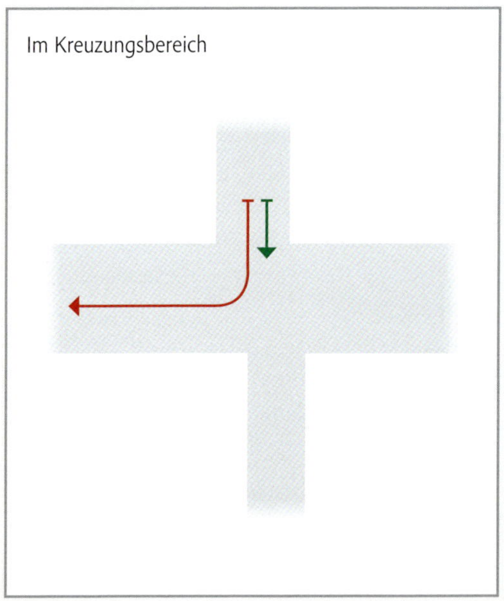

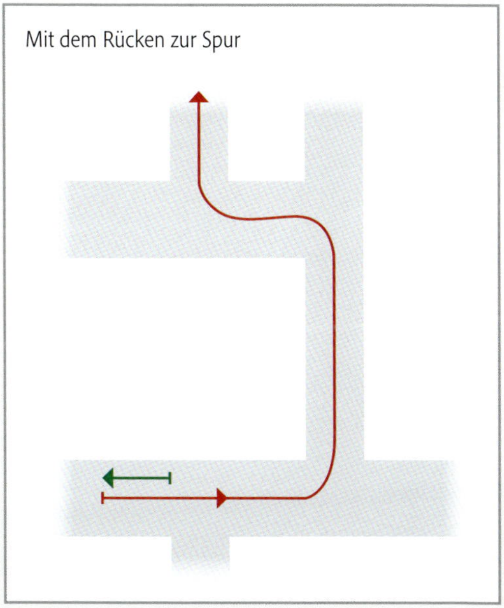

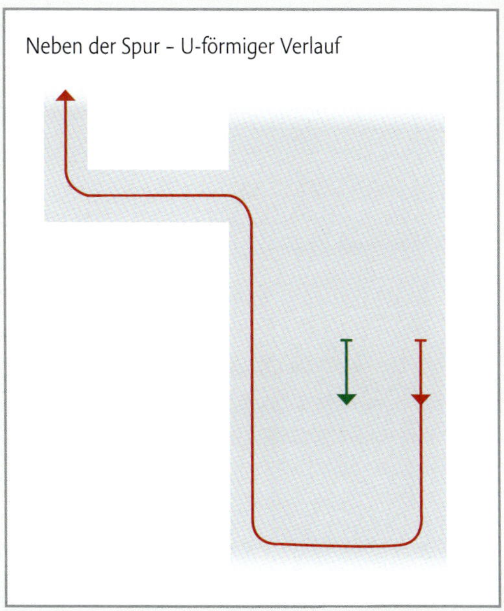

Direkt ins Gelände

Diese Aufgabe ist eine gute Gelegenheit für den Hundeführer nicht vorauszudenken, wohin die Spur führen könnte, sondern im Hier und Jetzt zu sein, »nur« auf den Hund zu achten und ihm im richtigen Moment nachzufolgen.

Startpunkt Versteckperson: Wald- oder Wiesenweg. Die Versteckperson geht jedoch nicht, wie vielleicht erwartet, den Weg entlang, sondern direkt ins Gelände, steigt dabei evtl. eine Böschung hinauf bzw. hinunter, über eine kleine Mauer, überquert einen Graben oder Baumstamm.

Bei einem ebenen, offenen Gelände fällt es dem Hundeführer evtl. leichter, seinem Vierbeiner in die angrenzende Wiese zu folgen, während deutliche Begrenzungen zu beiden Seiten des Weges eher den Gedanken aufkommen lassen, dass die Versteckperson den gut begehbaren Weg genutzt hat.

Fehlverknüpfung vorbeugen – Versteckperson und/oder Trainer?

Bei vielen Trails wird die zu suchende Person vom Trainer ins Versteck gebracht. Diese Vorgehensweise ist praktisch, hat aber auch Nachteile. Manche Hunde gewöhnen sich daran, dass es eine zweite Spur vom Start bis zum Ziel gibt und starten oftmals zögerlicher, wenn diese dann mal fehlt. Falls immer derselbe Trainer/Trailleger die Versteckperson auf ihrem Weg begleitet, wird dessen Geruch unter Umständen zur Richtlinie. Mancher Hund orientiert sich dann mehr daran, als am präsentierten Geruch, denn er muss ja nur dieser vertrauten Spur folgen, sie führt ihn zum Ziel.

Um dem vorzubeugen, sind von Beginn an immer wieder Trails sinnvoll, bei denen die Trainerspur nicht oder nur teilweise mit der Spur der Versteckperson zusammen verläuft. Die Trainerspur kann selbstverständlich auch von jedem anderen Mitglied der Trainingsgruppe übernommen werden. Der Hund lernt, dass nur der präsentierte Geruch ausschlaggebend ist und die Begleitspur keine Rolle spielt.

Beispiele für getrennte Spuren:

- Die Versteckperson erhält eine genaue Wegbeschreibung bis zum Versteck, der Trainer bleibt am Startpunkt.
- Der Trainer begleitet die Versteckperson nur einige Meter und bleibt dann stehen, sodass der Hund an ihm vorbei suchen muss.
- Die Versteckperson wird auf einen ersten kurzen Streckenabschnitt geschickt. Der Trainer trifft aus einer anderen Richtung kommend unterwegs mit ihr zusammen (um weitere Anweisungen zu geben). Danach kehrt er um oder bleibt als Verleitung an Ort und Stelle stehen.

Versteckperson und Trainerspur

Rot: Startpunkt und Strecke Versteckperson

Grün: Startpunkt Trail-Team

Blau: Trainerspur

Trainer bleibt nach wenigen Metern als Ablenkung stehen oder geht auf anderem Weg zurück.

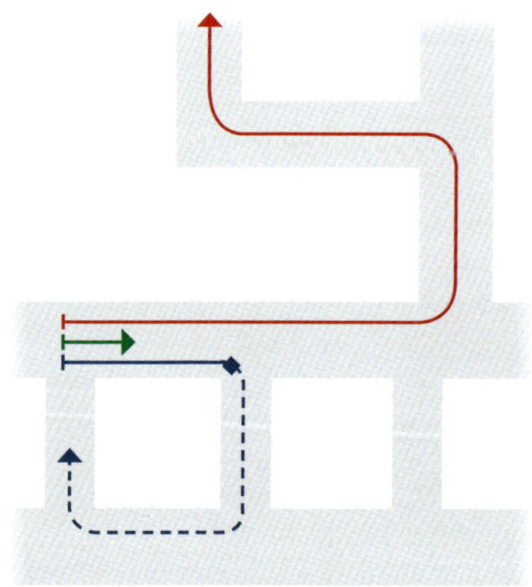

Trainer trifft Versteckperson, begleitet sie kurz und kehrt auf anderem Weg zurück.

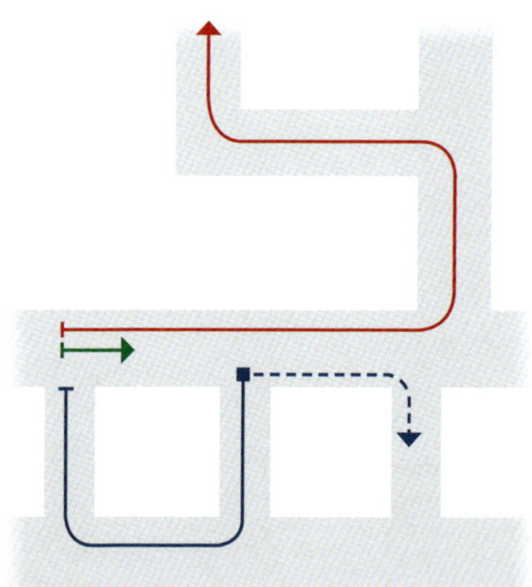

Unterschiedliche Geruchsträger

Für die ersten Trails werden meist etwas größere Geruchsträger verwendet, die dem Hund viel Fläche zum Anriechen bieten und an denen der Geruch gut anhaftet, wie beispielsweise ein T-Shirt, Jacke oder Halstuch. Zunehmend kommen dann unterschiedliche Materialien und auch sehr kleine Gegenstände zum Einsatz, vom Papiertaschentuch über den Schlüsselbund bis hin zu kleinen Papierschnipseln oder einem einzelnen Haar – fast alles ist möglich.

Als Verpackung dienen Plastiktüten bzw. Zip-Beutel, häufig auch Marmeladen- oder Einmachgläser. Diese sind zwar etwas unhandlicher, der Geruch geht aber kaum nach außen verloren, es kommt auch kein weiterer Geruch von außen direkt an den Geruchsträger heran.

Verwenden Sie für jeden Trail einen neuen Geruchsgegenstand, damit der Hund einen eindeutigen Geruchsauftrag bekommt. Wenn schon mehrere Hundenasen daran gerochen haben, erschwert dies die Aufgabe unnötig. Die Tüte wird möglichst direkt von der Versteckperson an den jeweiligen Hundeführer übergeben bzw. so platziert, dass dieser sie direkt aufnehmen kann.

Geruchsgegenstände mit Eigengeruch

Durch diese Aufgabe lernt der Hund recht ungewöhnliche Geruchsträger kennen. Gleichzeitig kann gut beobachtet werden, wie er damit umgeht, d.h. wie nahe er dem Geruchsgegenstand kommen möchte und wie lange er daran riecht.

Bei der Geruchspräsentation und dem Anriechen gibt es unterschiedliche Vorgehensweisen, entscheidend ist, dass es für den Hund passt. Er sollte sich nicht bedrängt fühlen, sondern Interesse am Geruchsgegenstand zeigen und sich in Ruhe damit vertraut machen können.

Mögliche Geruchsträger:

- Die Versteckperson pflückt einige Blüten/Gräser (nicht unmittelbar vom Straßenrand oder mit den Duftmarken von anderen Hunden), nimmt eine Handvoll Blätter, behält diese noch kurz in der Hand bzw. reibt sie zwischen den Händen und steckt sie in die Verpackung.
- Die Versteckperson gibt ihr angebissenes Brötchen oder eine von ihr geleerte Getränkedose in die Verpackung.

- Interessant sind auch Zahnbürsten oder Waschlappen, denen neben dem Geruch der Versteckperson noch Gerüche von Waschlotion o.ä. anhaften.

Ablauf: Die Versteckperson übergibt dem Hundeführer die Verpackung mit dem Geruchsgegenstand und wird vom Trailverantwortlichen zum Versteck gebracht/geschickt. Startpunkt und Streckenverlauf sind beliebig. Das Team startet wie gewohnt. Eventuell beschäftigt sich der Hund etwas intensiver mit einem solchen Gegenstand, leckt unter Umständen daran oder wendet sich fast angewidert davon ab, weil ihm der Geruch unangenehm ist.

Fast nichts

Es ist für uns kaum vorstellbar, dass der Hund auch mit sehr wenig Geruch gut arbeiten kann. Mit den folgenden Geruchsproben können Sie ausprobieren, welche Gerüche Ihr Hund noch nachverfolgen kann. Die Versteckperson

- hält ihre leere Hand für einige Sekunden in die Tüte und verschließt diese danach,
- gibt drei oder vier Haare von sich in die Tüte,
- haucht mehrfach in die Verpackung,
- nimmt ein Marmeladenglas mit etwas Wasser darin, taucht ihre Finger ins Wasser und verschließt das Glas.

Ablauf: Nach Übergabe des Geruchsartikels wird für das Team ein nicht allzu komplizierter Trail gelegt und das Team startet wie gewohnt. Ist der Hund an Minimalmengen von Geruch und sehr unterschiedliche Geruchsträger gewohnt, können die Trails natürlich auch länger und anspruchsvoller ausfallen.

Kontaminierte Geruchsträger

Ein Gegenstand, dem ausschließlich der Individualgeruch der Versteckperson anhaftet, vermittelt dem Hund einen eindeutigen Suchauftrag. Manchmal stehen jedoch im Ernstfall nur Gegenstände zur Verfügung, die bereits von Familienangehörigen oder anderen Personen angefasst wurden. Das bedeutet, auch deren Geruch ist mit auf dem Gegenstand – man spricht dann von einem kontaminierten Geruchsträger.

Es ist interessant herauszufinden, ob ein Hund auch dann noch der richtigen Spur folgen kann, wenn es nicht mehr so eindeutig ist, weil der Geruchsträger von mehreren Personen angefasst wurde.

Beginnen Sie mit einer einfachen Aufgabe: Die Versteckperson wählt einen Gegenstand, an dem ihr Geruch gut anhaftet, beispielsweise ein T-Shirt, gibt dies einer weiteren Person, die es kurz mehrfach berührt. Danach wird das Shirt in die Verpackung gesteckt und dem Hundeführer übergeben. Anschließend geht die Versteckperson auf die Strecke. Die Person, welche den Gegenstand ebenfalls angefasst hat, muss sich im Startbereich befinden.

Der Hund wird am Startpunkt angesetzt. Bei einem wenig kontaminierten Gegenstand folgt er evtl. sogleich der Spur der Versteckperson. Wenn er zögert, weil ihn der Zweitgeruch beschäftigt, kann er lernen, den nicht relevanten Geruch auszuschließen. Dazu gibt ihm der Hundeführer die Möglichkeit, an der Person zu riechen, die den Gegenstand ebenfalls berührt hat, damit er erkennt, welcher Geruch an Ort und Stelle ist und welcher gesucht werden muss. Einige Hunde wenden sich auch von selbst zur Gruppe und schnuppern die Personen nacheinander ab.

Wenn der Hund das Prinzip verstanden hat, kann die Aufgabe schwieriger werden. Die Fremdperson behält den Gegenstand etwas länger in den Händen, sodass ihr Geruch deutlicher wird. Am Geruchsträger befinden sich die Fremdgerüche von zwei Personen.

Je intensiver die Nebengerüche sind, umso wichtig ist es, dass der Hund die betreffenden Personen beriechen kann, um sie auszuschließen.

Geruch selbst abnehmen

Die Versteckperson legt einen Trail, hinterlässt jedoch keinen bereitgestellten Geruchsgegenstand. Das entspricht der Aufgabenstellung in manchen Realeinsätzen, in denen kein Geruchsgegenstand vorhanden ist, den man mitnehmen könnte, aber bekannt ist, dass die vermisste Person zuletzt auf einer Parkbank oder an ihrem Fahrzeug gesehen wurde.

Der Hundeführer erstellt in diesem Fall eine Geruchskopie von dem Gegenstand, den die vermisste Person benutzt/berührt hat. Dazu trägt er möglichst Einmalhandschuhe, um sich selbst zu schützen, und wischt mit einem frischen Papiertaschentuch, sterilem Tupfer oder Gaze mehrmals über den Gegenstand, von dem die Kopie erstellt wird (Fahrrad, Türgriff am PKW, Lenkrad, Sitzfläche der Parkbank). Danach steckt er das Tuch umgehend in eine Plastiktüte oder ein Glas und verschließt die Verpackung.

Der Hund wird anschließend mit dem so gewonnenen Geruchsträger im Startbereich angesetzt. Das kann direkt die Stelle der Geruchsabnahme (Fahrzeug, Parkbank) sein oder der Punkt, von dem aus die Versteckperson auf die Strecke gegangen ist.

Den Hund anriechen lassen ...
... ist eine interessante Aufgabe, um zu erkennen, wie deutlich dem Hund der angewiesene Geruch geworden ist.

Ablauf: Die Versteckperson sitzt für einige Minuten auf einer Parkbank, im PKW oder innerhalb eines Gebäudes auf einem Stuhl und berührt dabei mit den Händen zusätzlich mehrmals die Sitzfläche. Anschließend verlässt sie ihren Platz und legt von dieser Stelle abgehend einen passenden Trail.

Der Hund wird zur entsprechenden Stelle geführt, bekommt das Signal zum Anriechen, dabei zeigt der Hundeführer mit der Hand z.B. auf die Sitzfläche. Die meisten Hunde benötigen etwas Zeit, um den Gegenstand zu beschnuppern. Danach wird er mit seinem Suchsignal auf die Spur geschickt.

Ablenkung ignorieren – eine Übung nicht nur für den Startbereich

Ein gewisses Maß an Ablenkung und Unruhe wird es immer geben, wenn man im öffentlichen Raum trainiert. Wie sehr dies ein Team aus der

Konzentration bringt und die Sucharbeit beeinflusst, ist recht unterschiedlich.

Einige häufig vorkommende Ablenkungen können zunächst bewusst und gezielt trainiert werden, um ein Gefühl für die Empfindungen und Belastbarkeit des Teams zu bekommen oder um es schrittweise an diese Situationen zu gewöhnen.

Menschen im Startbereich

Im Startbereich befinden sich mehrere Personen in lockerer Gruppierung. Sie stehen nicht unmittelbar am Ansatzpunkt und verhalten sich dem Hund gegenüber neutral. Die ablenkenden Personen dürfen den Geruchsgegenstand nicht kontaminieren.

Startpunkt Versteckperson:

- Neben der Gruppe, sodass der Hund beim Start die Menschen etwas seitlich neben sich hat. Die Spur führt direkt von der Gruppe weg.
- Am Rand der Gruppe, sie umrundet die Menschen und legt danach eine Spur ins angrenzende Gelände.
- Ein paar Meter vor einer Gruppe von 3 oder 4 Personen, sie durchquert diese Kleingruppe, geht anschließend noch eine gewisse Strecke geradeaus, ehe sie eine Abzweigung nimmt und dann ihren Zielort aufsucht.

Ablauf: Der Hund wird am Startpunkt angesetzt und sucht sich seinen Weg durch oder um die Menschenmenge herum. Bei vielen Hunden kann man beobachten, dass ihr Suchverhalten zielstrebiger wird, sobald sie sich etwas von der

Start neben einer Person, die der Hund sehr gerne mag. Falls er sich ausgeprägt für diese interessiert, ignoriert sie alle Kontaktversuche, sodass sich der Vierbeiner abwenden und nach einer motivierenden Aufforderung des Hundeführers seiner Spur zuwenden kann.

Gruppe entfernt haben und sicher in die Geruchsspur eintauchen.

Wenn ein Hund Menschen gegenüber sehr vorsichtig oder unsicher ist, hält man einen größeren Abstand zur Gruppe oder übt nur mit ein oder zwei ablenkenden Personen.

Beobachtungs-Aufgabe – lässt sich der Hund durch richtungsweisende Gesten beeinflussen?

Wie verhält sich der Hund, wenn

- eine Person am Start oder auf der Strecke steht und intensiv und lang anhaltend in eine bestimmte Richtung blickt,
- eine Person interessiert eine Stelle am Wegesrand betrachtet oder eine weitere Person durch Zeigegesten auf etwas aufmerksam macht,
- mehrere Personen wie aufgereiht nebeneinanderstehen und aufmerksam und mit etwas Körperspannung in dieselbe Richtung blicken?

Bleibt er unbeeindruckt auf seiner Spur? Interessiert er sich kurz für die von den Menschen ausgehenden Signale und setzt dann seinen Weg fort? Betrachtet er diese Gesten als richtungsweisend und wendet sich ebenfalls der entsprechenden Richtung zu?

Einige Hunde müssen erst lernen, solche Gesten zu ignorieren und den eigenen Fähigkeiten zu vertrauen. Das gelingt am besten, wenn sie sich ihrer Sache sicher sind, beispielsweise kurz vor der Versteckperson, wenn sie genau wissen, wo und wie sie diese finden.

Dieser Hund zeigt deutlich, dass der Geruch der am Zaun stehenden Person nicht mit seinem Suchauftrag übereinstimmt. Er lässt sich auch nicht von ihrer Körperhaltung und Blickrichtung beeinflussen.

Ist der Hund an Ablenkungen gewöhnt, stehen die Menschen direkt an der Strecke oder auch mal mitten im Weg.

Optische, geruchliche und akustische Reize

Bei nachgestellten Situationen werden die Ablenkungen so dosiert, dass sich der Hund noch auf seine Aufgabe konzentrieren kann. Wenn er kurz aufmerkt, ist das in Ordnung, erschrickt er jedoch heftig, wird ängstlich oder ist völlig abgelenkt, war es zu viel. Mit Ablenkungen durch Rauch sollten Sie vorsichtig umgehen, Rauchgeruch ist vielen Hunden äußerst unangenehm.

Fällt es dem Hund sehr schwer, sich von einer Ablenkung zu lösen, kann der Hundeführer versuchen, den Fokus etwas zu verändern, in dem er sich selbst davon abwendet oder den Hund wieder zu der Stelle bringt, an welcher er den Geruch deutlich wahrgenommen hat bzw. noch sicher auf der Spur war.

Diese Ablenkungen können Sie bewusst üben:

- Die Begleitgruppe unterhält sich in unterschiedlicher Lautstärke, jemand telefoniert, lässt etwas fallen, eine Fahrzeugtüre wird zugeschlagen.
- Essensreste liegen auf dem Boden oder werden von jemand in der Hand gehalten.
- Klappernde Baustellenabsperrungen, im Wind flatternde Fahnen, ein aufgespannter Regenschirm bieten Reizkonfrontation.
- Starts dicht neben einem Acker mit Mäuselöchern oder einem Grünstreifen mit vermutlich vielen Markierungen von Artgenossen bilden Verlockungen.
- Im Startbereich steht ein Hundehalter mit seinem verträglichen Vierbeiner oder der Trail führt an einer Weide oder einem Tiergehege vorbei. Wichtig dabei ist, dass von den ablenkenden Tieren keine Gefährdung ausgeht und auch der trailende Hund diese nicht beunruhigt oder gar belästigt.

Haustür-Start

Im Startbereich gibt es mehrere, unterschiedlich alte Spuren der Versteckperson. Der Hund muss aus diesem Spurengewirr die frischeste herausfinden und ihr nachgehen.

Startpunkt: Ein Umfeld, in dem sich die Versteckperson häufig aufhält, beispielsweise Haus-, Garten- oder Garagentüre ihres Wohnorts.

Ablauf: Der Hund wird mit dem Rücken zur entsprechenden Türe angesetzt. Rechnen Sie damit, dass er nicht sofort die richtige (= frische) Spur aufnimmt, evtl. orientiert er sich zunächst Richtung Wohnung oder geht für einige Meter einer alten, oft begangenen Spur nach (z.B. von der Haustüre zur Garage). Um dem Hund eine gute Chance auf Erfolg zu geben, entfernt sich die Versteckperson nicht allzu weit und kann nach ein oder höchstens zwei Abbiegungen gefunden werden. Und: Die frische Spur sollte wirklich frisch sein. Je mehr Zeit zwischen dem Legen und der Suche vergeht, umso schwieriger wird es für den Hund, die frischeste Spur herauszufinden. Diese unterscheidet sich dann immer weniger von den alten Spuren.

Am Parkplatz

Ähnliche Voraussetzungen entstehen bei einem Start am Parkplatz, auf dem sich die Versteckperson längere Zeit aufgehalten hat.

Ablauf: Am Treffpunkt der Gruppe bleibt die ausgewählte Versteckperson im Bereich des Parkplatzes, geht dort hin und her, umrundet ihn und kehrt ab und an zu ihrem Fahrzeug zurück, während zunächst 2 oder 3 andere Teams ihre Trails arbeiten. Dadurch befindet sich ihr Geruch nun überall auf dem Parkplatz. Danach startet die Versteckperson an ihrem Fahrzeug und legt einen Trail in das angrenzende Gelände.

Der Hund wird am Auto angesetzt und sucht sich seinen Weg aus dem Geruchsgemenge.

Mehrere Versteckpersonen

Bei dieser Aufgabe legen zwei oder mehrere Versteckpersonen gleichzeitig von einem gemeinsamen Startpunkt abgehend ihre Spuren. Dabei gehen sie entweder zunächst einige Meter der Strecke gemeinsam und danach in unterschiedliche Richtungen weiter oder trennen sich gleich am Start. Die Trails selbst können recht kurz sein und bereits nach einer Abzweigung enden, die Versteckperson sollte jedoch außer Sicht sein.

Es geht bei dieser Startübung ausschließlich darum, dass sich der Hund auf seinen Suchauftrag konzentriert und sich nicht von anderen Spuren ablenken lässt. Wenn es sich dabei um Spuren vertrauter Personen handelt, kann dies unter Umständen noch ein wenig schwieriger sein.

Ablauf: Die Hundeführer wissen jeweils, welche Versteckperson von ihnen gesucht werden soll, aber nicht welchen Weg diese genommen hat.

Mehrere Versteckpersonen

Rot: Startpunkt und Strecke der Versteckpersonen

Grün: Startpunkt Trail-Teams

Rechts-links-Entscheidung mit zwei Versteckpersonen

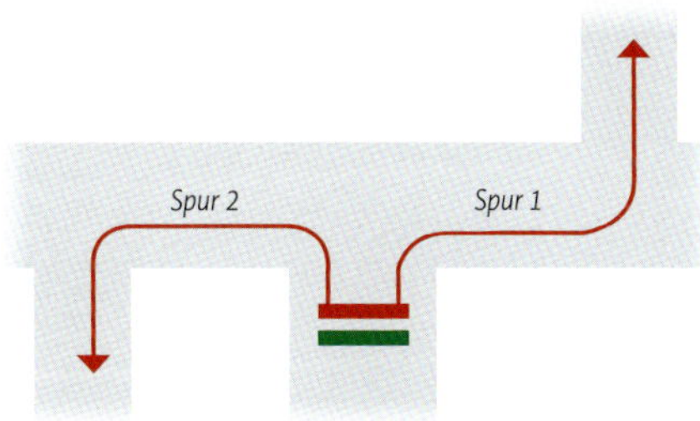

Versteckpersonen trennen sich direkt am Start

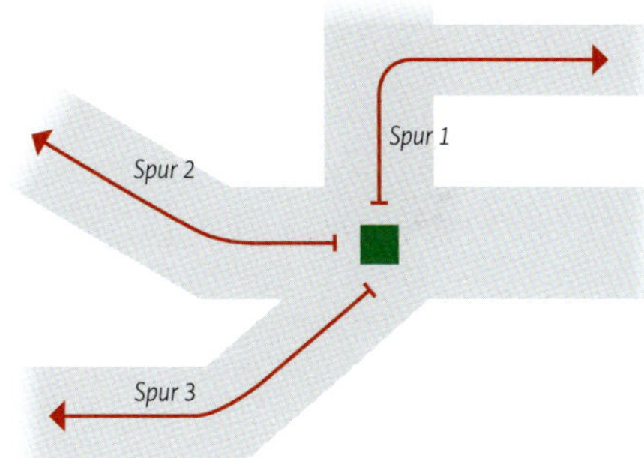

Versteckpersonen trennen sich nach einer kurzen gemeinsamen Wegstrecke

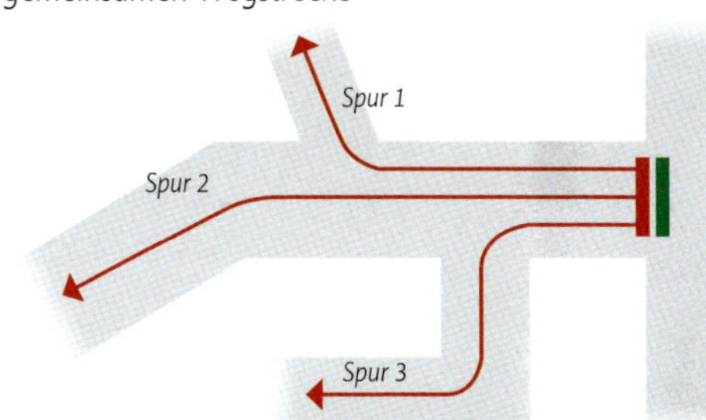

Der/die Hunde werden erst auf die Spur geschickt, wenn alle Versteckpersonen an ihrem Zielort angekommen sind.

Die Teams gehen nacheinander auf die Spur und werden dabei jeweils von einem Trailverantwortlichen begleitet. Sozialverträgliche und aneinander gewöhnte Hunde können auch gleichzeitig starten. Manche nehmen dann sogleich ihren Auftrag an, andere orientieren sich zunächst am Artgenossen oder zögern und warten, bis das andere Team aus dem Weg ist.

Start-Ziel-Trail

Bei diesen Aufgaben hält sich die Versteckperson im Startbereich oder dem unmittelbaren Umfeld auf. Das jeweilige Team, welches auf die Suche geht, ist bei den Trailvorbereitungen nicht anwesend, es trailt im Single-Blind-Modus. Wenn wissend getrailt wird, muss penibel darauf geachtet werden, den Hund nicht zu lenken, sondern wirklich nur zu beobachten.

Weil die Versteckperson zuvor keine Spuren im weiteren Umfeld des Startbereichs hinterlassen sollte, empfiehlt es sich, diese Übung zu Beginn der Trainingseinheit anzusetzen. Sie ist aus organisatorischen Gründen auch nur mit ein oder zwei Teams möglich. Achten Sie darauf, dass der Geruchsgegenstand der gesuchten Person nicht mit den anderen Teilnehmern in Berührung kommt.

Startpunkt Versteckperson: Etwas abseits der Gruppe.

- Die Versteckperson geht vom Startpunkt aus zu ihrem nur wenige Meter entfernt stehenden PKW und setzt sich in den Fahrgastraum oder den Kofferraum.
- Die Versteckperson geht ein paar Meter geradeaus, umkreist den Startbereich in einem Radius von ca. 10 Metern und versteckt sich dann innerhalb dieses Radius beispielsweise hinter einem Holzstapel.

Anschließend wird der Hund wie gewohnt am Startpunkt angesetzt.

Ein Zuschauer

Startpunkt der Versteckperson: Etwas abseits der Gruppe. Die ausgewählte Versteckperson hinterlegt dort ihren Geruchsgegenstand und gesellt sich danach als »unbeteiligter« Zuschauer wieder zu den anderen Teilnehmern. Sie kann inmitten der Gruppe verweilen, ein wenig umherschlendern oder sich am Rande der Gruppe aufhalten.

Der Hundeführer weiß zwar, dass er jetzt die Zuschauer-Aufgabe vor sich hat, aber nicht, von welcher Person seiner Gruppe der bereitgelegte Geruchsträger stammt.

Dem Hund vertrauen

Ablauf: Die Versteckperson deponiert die Tüte mit ihrem Geruchsgegenstand am Startpunkt. Sie legt eine Spur von ca. 30–50 Metern, kehrt danach zurück und verweilt in der Gruppe, die sich etwas abseits des Startpunkts aufhält. Anschließend schickt der Trailverantwortliche einen zweiten Teilnehmer vom selben Startpunkt aus auf einen kurzen Trail.

Kommt nun der Hundeführer zum Start, registriert er fast automatisch, welches Gruppenmitglied fehlt und vermutet, dass dieses nun gesucht werden soll. Der Hund erhält den bereit gelegten Geruchsgegenstand der ersten Person und wird wie gewohnt am Startpunkt angesetzt.

Jetzt zeigt sich, ob der Hundeführer seinem Vierbeiner vertraut, obwohl dieser nach wenigen Metern umkehrt und eine Person im Startbereich anzeigt. Zugleich kann überprüft werden, ob sich der Hund von der vorhandenen Zweitspur ablenken lässt oder seinem Auftrag nachgeht.

Die zweite Versteckperson wird dann von einem weiteren Team gesucht (in diesem Fall muss von ihr ebenfalls eine Tüte bereit liegen) oder wieder zurückgerufen.

Negativ-Trail

Negativ bedeutet in diesem Zusammenhang: Zu dem präsentierten Geruch gibt es keine passende Spur im Startbereich. Der Hund erkennt dies, signalisiert es seinem Hundeführer und geht keinesfalls als Ersatz einer x-beliebigen Spur nach. Es hängt von der Ausbildungsmethode ab, ob der Hund ein Negativ aktiv anzeigt, z.B. durch Hinsetzen oder Hochspringen am Hundeführer, oder ob es ausreicht, dass er einfach nicht

Im Lauf der Zusammenarbeit kann der Hundeführer die Signale seines Vierbeiners immer besser einschätzen und erkennt, wenn dieser keinen übereinstimmenden Geruch wahrnimmt. Vielleicht schaut er dann häufig seinen Menschen an, wendet sich ständig um oder sucht etwas sprunghaft hin und her.

weiterläuft und der Hundeführer an dem, vom üblichen Suchverhalten abweichenden Verhalten erkennt, dass sein Hund hier keinen übereinstimmenden Geruch findet.

Die ersten Negativ-Trails können wissend gearbeitet werden, damit der Hundeführer auf die Signale seines Hundes achten kann und im passenden Moment die Suche beendet.

Möglichkeit 1

Der Hund erhält den Geruchsträger einer völlig unbeteiligten Person, die nie im Startbereich war und die anschließend auch nicht gesucht wird. Diese Variante wird allerdings im Ernstfall kaum vorkommen, eignet sich jedoch, um die Signale des Hundes kennenzulernen, wenn er tatsächlich keinen Geruch wahrnehmen kann. Bitte unbedingt darauf achten, dass der Geruchsgegenstand nicht durch Anwesende kontaminiert wurde.

Ablauf: Der Hund wird nach dem Anriechen mit dem üblichen Signal zum Suchen geschickt. Vermutlich wird er den Startpunkt und das nahe Umfeld nach dem Geruch absuchen, jedoch nicht starten, da er keine Geruchsspur findet, welcher er nachgehen kann.

Den meisten Hunden sieht man ihre Irritation, ja manchmal sogar ihre offensichtliche Verzweiflung an: Da drüben ist nix, dort nicht und hier auch nicht? Vielleicht schüttelt er sich, kratzt sich, geht mehrfach im Kreis, setzt sich hin, schaut immer wieder zu seinem Menschen oder sucht ohne die sonst übliche Körperspannung.

Wenn die Arbeit mit einem Negativ noch neu ist, beendet der Hundeführer die Aufgabe nach den ersten deutlich erkennbaren »Negativ-Signalen«, lobt seinen Hund und nimmt ihn aus der Suche. Später kann er durchaus etwas länger nach dem Geruch suchen oder bewusst noch einmal geschickt werden, um die Sache zu überprüfen.

Ob der Hund danach sogleich einen kurzen Trail mit positivem Ausgang arbeitet, entscheidet jeder Hundeführer in Absprache mit dem Ausbilder je nach Persönlichkeit seines Vierbeiners.

Möglichkeit 2

Der Hund wird an der »falschen« Stelle angesetzt, ein Vorgehen, das im Realeinsatz durchaus vorkommt, weil beispielsweise die Informationen über den letzten Standort der vermissten Person unzureichend sind.

Der Startpunkt der gesuchten Person und der falsche Bereich müssen ausreichend weit voneinander entfernt liegen und die Versteckperson darf sich zuvor nicht im falschen Bereich aufhalten.

Ablauf: Die Versteckperson startet an geeigneter Stelle und legt einen Trail.

Der Hund wird am »falschen«, d.h. einem völlig anderen Startpunkt angesetzt. Nachdem er signalisiert hat, dass er in diesem Bereich keinen übereinstimmenden Geruch wahrnehmen kann, wird er aus der Suche genommen und am »richtigen« Startplatz erneut angesetzt. Anfangs empfiehlt es sich, diesen Trail kurz und einfach zu halten, damit der Hund der Spur gut folgen kann und relativ schnell zum Erfolg kommt.

Lassen Sie dem Hund einen gewissen Raum zum Erkunden ...

... und beobachten Sie seine Reaktionen: »Hier ist nichts.«

Anregungen
für unterwegs

Auch eine lange Gerade kann spannend sein

Ein Gebiet, welches von langen Geradeausstrecken geprägt ist und nur wenig Abzweigungen aufweist, muss nicht so langweilig sein, wie wir Menschen oftmals meinen. Zum einen denken Hunde nicht in den Kategorien »interessant« oder »langweilig« – sie suchen einfach. Zum anderen kann man hier als Hundeführer sehr gut üben, die eigenen Überlegungen oder Zweifel zurückzustellen, denn eine lange Geradeausstrecke, besonders wenn sie von Häuserzeilen oder dichtem Bewuchs gesäumt ist, verführt zu vorauseilenden Gedanken: »Hier kann es doch nur geradeaus gehen!« Und umgekehrt wird nach einer längeren Geradeausstrecke jede noch so kleine Abzweigung als Möglichkeit angesehen, um jetzt endlich mal abzubiegen: »Es kann doch nicht immer nur geradeaus gehen?«

Seitenwechsel

Manche Teams rechnen in bestimmten Bereichen wie Kreuzungen oder Einmündungen vermehrt mit Richtungswechseln und sind dann besonders aufmerksam. Ein Richtungswechsel kann jedoch jederzeit erfolgen.

Für diese Übung benötigen Sie eine breite Straße, die über eine längere Strecke geradeaus führt, am besten in einer verkehrsberuhigten Zone oder einem Industriegebiet außerhalb der Geschäftszeiten, damit der Seitenwechsel gefahrlos möglich ist.

Ablauf: Die Versteckperson startet beispielsweise auf der rechten Straßenseite und geht diese mindestens 50 Meter entlang. An einer geeigneten Stelle wechselt sie zur linken Straßenseite und läuft dort ca. weitere 100 Meter, ehe sie nochmals die Seite wechselt und sich dann außer Sicht versteckt.

Der Hund wird wie üblich im Startbereich angesetzt. Der Trailbegleiter hat sich die Wechselstellen möglichst genau gemerkt, beobachtet den Hund und kann dem Hundeführer anschließend Rückmeldung geben. Wie verhält sich der Vierbeiner, wenn er auf die Richtungsänderung trifft? Wechselt er direkt auf der Spur, kurz vorher oder direkt danach die Straßenseite?

Eine Strecke geradeaus über eine Wiese: Der Hundeführer überlässt seinem Hund die Führung, drängt ihn weder in eine bestimmte Richtung, noch hält er ihn durch Zögern davon ab, eine lange Strecke einfach geradeaus zu suchen.

Hier kann der Trail doch nur den Weg entlangführen, oder? Auch auf einer langen Geraden gibt es immer mal wieder Gelegenheit zum Abbiegen. Die Versteckperson könnte eine Lücke im Zaum genützt haben, zwischen den Büschen hindurchgeschlüpft sein oder sich etwas abseits des Weges im Gebüsch aufhalten.

Querfeldein

Die lange Gerade muss nicht zwangsläufig einen Weg entlangführen, sondern kann genauso gut quer über eine Wiese, einen größeren Parkplatz oder durch den Wald verlaufen.

Beispiele:

- Die Spur führt von einem Wohngebiet zu Obstbaumwiesen. Dort verlässt die Versteckperson den Weg und geht möglichst lange geradeaus über die gemähten Wiesen, bis sie auf einen weiteren Feldweg trifft, den sie noch einige Meter entlanggeht und sich dann versteckt.
- Die Versteckperson geht an der kürzeren Seite eines langgestreckten Parkplatzes entlang, biegt an der Ecke in den Parkplatz ein, überquert ihn diagonal und geht danach noch einige Meter bis zum Versteck.
- In einem lichten Waldstück läuft die gesuchte Person ein ganzes Stück mehr oder weniger geradeaus durch den Wald.

Alte und neue Spuren

Im Realeinsatz arbeitet der Hund in der Regel auf Spuren, die schon mehrere Stunden alt sind. Erfahrungsgemäß ist es für Freizeitgruppen mit einigen Mühen verbunden, wenn auf alten Spuren getrailt werden soll und die Spur bereits einige Stunden vor dem Training gelegt werden muss. Was aber meist gut machbar ist, sind Trails, bei denen sich neue und ältere Spuren der Versteckperson kreuzen oder überlagern.

Alte Spur

Eine Möglichkeit, um den Aufwand für einen alten Trail im Rahmen zu halten, möchte ich Ihnen kurz vorstellen. Sie benötigen dafür eine Versteckperson und einen Helfer mit PKW. Außerdem ein passendes Gelände, beispielsweise einen Ortskern oder ein Wohngebiet mit vielen kleineren Wegen und Straßen oder ein gut begehbares Waldgebiet, welches von einem Wanderparkplatz aus abgeht.

Eine Versteckperson und drei ältere Spuren (Beispiel-Trail in einem Waldgebiet mit längeren Geradeaus-Strecken)
Rot: Versteckperson
Grün: Startpunkt Trail-Teams

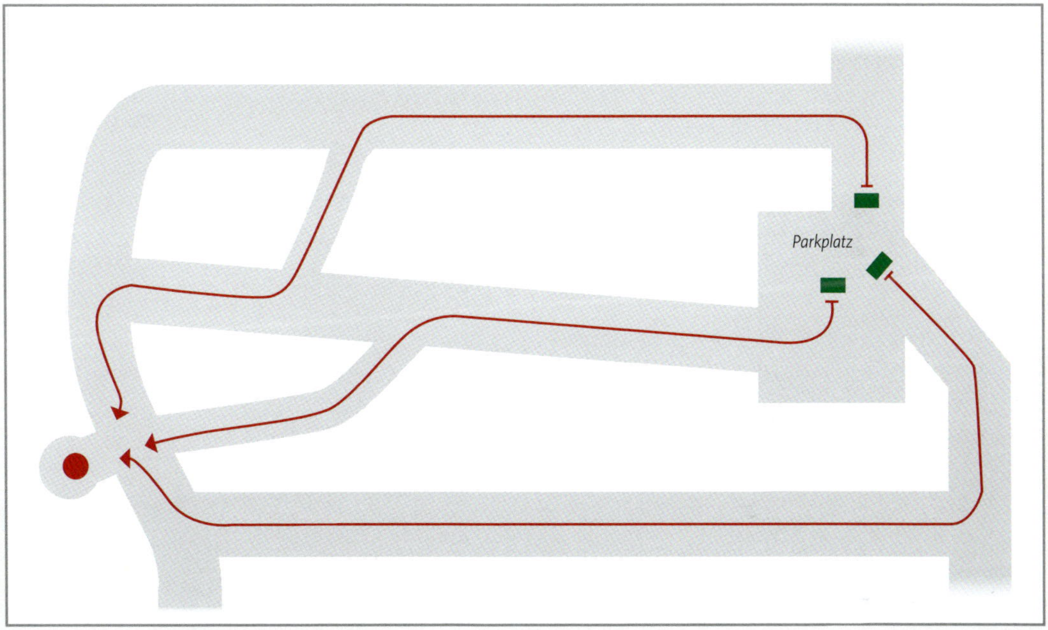

Ablauf: Vom Treffpunkt der Gruppe aus führen 3 oder 4 Strecken zu einem bestimmten Ziel, die von der Versteckperson einige Stunden vor dem Training begangen werden. Dazu läuft diese vom Treffpunkt aus auf der ersten Spur zum Ziel, wird dort von einem Helfer mit dem PKW abgeholt und zurück zum Treffpunkt gebracht. Danach folgt derselbe Ablauf für die zweite und dritte Spur.

Die Länge und Herausforderungen der einzelnen Strecken muss dabei individuell auf den Leistungsstand des Teams abgestimmt werden. Die Spuren sollten sich nicht überschneiden und auch nicht allzu nahe beieinander liegen.

Zum Trainingszeitpunkt wird der Trailleger entweder vom Helfer mit dem Auto direkt zum Zielort gebracht oder begibt sich selbst dorthin. Dort wird er dann nacheinander von den Teams gefunden.

Die Teams erhalten am Treffpunkt die dort deponierten Geruchsgegenstände der vermissten Person. Die Hunde starten einzeln nacheinander. Um zu vermeiden, dass alle dieselbe Spur aufnehmen, werden die Teams jeweils ein paar Meter auf »ihre Spur« gebracht.

Einfache Spurkreuzung

Bei dieser Aufgabe trifft der Hund im Trailverlauf auf eine geringfügig frischere Spur der Versteckperson und muss sich entscheiden, welcher er nachgeht. Damit der Hundeführer die Signale seines Vierbeiners am Überschneidungspunkt besser einordnen kann, ist es sinnvoll diese Aufgaben zunächst wissend zu trailen.

Startpunkt Versteckperson: Straße/Weg in einem bebauten Gelände mit möglichst vielen Abzweigungen kurz nacheinander.

Ablauf: Die Versteckperson legt vom Startpunkt aus in gerader Richtung eine Spur von mindestens 200 Meter, biegt dann nach rechts oder links ab, schlägt einen Bogen, so dass sie nach weiteren Abbiegungen wieder auf ihre alte Spur trifft, am besten im mittleren Teil. Sie überquert diese und geht noch mehrere Meter geradeaus weiter, ehe sie nochmals abbiegt und sich am Zielort versteckt. Der Streckenverlauf sieht dann aufgezeichnet in etwa aus wie der Buchstabe P.

Die meisten Hunde werden etwas langsamer, wenn sie auf eine Spurkreuzung treffen, oder kreiseln zunächst um den Kreuzungspunkt, ehe sie sich für einen Weg entscheiden. Ob der Hund dann die Runde komplett ausarbeitet oder die Abkürzung nimmt, bleibt ihm überlassen. Effektiver ist es sicher, wenn er unnötige Wege vermeidet und gleich auf die »frischeste« Spur wechselt.

Einfache Spurkreuzung P-Form

Rot: Versteckperson

Grün: Trail-Team

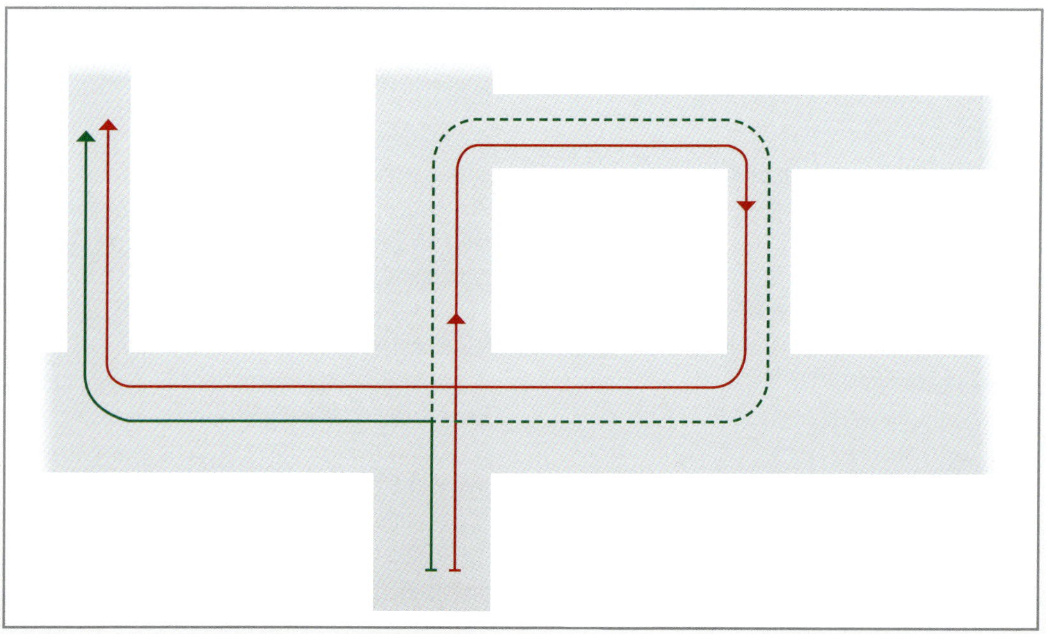

Alternative: Auf einem Trail in ländlicher Umgebung kann eine Scheune, ein Unterstand o.ä. umrundet werden. Wichtig ist, dass es sich um ein Gebäude handelt. Läuft die Versteckperson nur um einen Parkplatz oder eine Wiese, könnte sich, besonders bei einer kleinen Runde, schnell ein Geruchspool bilden, anstatt einer sich kreuzenden Spur

Sich überlagernde Spuren

Das bedeutet, im Suchgebiet sind unterschiedliche alte Spuren der Versteckperson vorhanden.

Wenn es einen deutlichen Zeitunterschied zwischen den bereits vorhandenen älteren Spuren und dem Legen der neuen Spur gibt, fällt es dem Hund meist leichter, die Spuren zu unterscheiden und der frischesten zu folgen. Je enger sie zeitlich beieinander liegen, umso schwieriger wird es für ihn. Deshalb ist es sinnvoll, solche Trails sehr bewusst und kleinschrittig aufzubauen, damit der Hund sicher auf der frischen Spur bleiben kann.

Beispiele: Trails in einem Gebiet,

- in welchem die Versteckperson am Tag zuvor spazieren gegangen ist,
- in dem der Spurenleger am Trainingstag unterwegs war (beispielsweise das Wohnumfeld),
- welches die Versteckperson im Verlaufe der Trainingseinheit bereits mit einem anderen Team genutzt hat.

Sackgasse

Für die ersten Backtrails wie das Hin- und Zurücksuchen auf einer Spur auch genannt wird, ist eine geschlossene Sackgasse am besten (Stichstraße im Wohngebiet, längere Hofeinfahrt oder ein schmaler Zugang zu einem Hauseingang). Für die meisten Hunde ist es einfacher umzukehren, wenn es wirklich nicht mehr weiter geht. Die Sackgasse sollte mindestens 30 oder 40 Meter lang sein.

Ablauf: Die Versteckperson legt den Trail vom Startpunkt ausgehend bis zur Sackgasse, geht diese hin und zurück und biegt danach wieder in den Hauptweg ein, den sie noch mehrere Meter weitergeht, ehe sie sich kurz nach einer Abzweigung versteckt.

Das Team startet wie gewohnt. Es ist spannend zu beobachten, wie der Hund reagiert, wenn er zur Sackgasse kommt: Manche Hunde begehen diese vollständig, andere zögern etwas oder gehen nur wenige Meter hinein, kehren dann wieder um und einige lassen die Sackgasse aus und bleiben auf der Hauptspur. Sie deuten oftmals nur durch eine Kopfbewegung an, dass sie bemerken, dass hier die Spur abzweigt und wieder zurückführt. Bei vielen Hunden zeigt sich im Laufe der Zeit eine Tendenz, ob sie Sackgassen absuchen oder nicht.

Der Buchstabe F

Sackgassen haben nicht immer eine eindeutige Begrenzung am Ende, zudem soll der Hund lernen, eine Spur auch dann wieder zurückzuverfolgen, obwohl der Weg noch weiterführt. Dazu können Sie im Prinzip jede Straße in einem

Ein geschickter Umgang mit der langen Leine sorgt dafür, dass der Hund beim Umdrehen und schnellen Richtungswechseln nicht behindert wird.

Gebiet mit vielen Querwegen und Abzweigungen nehmen, am einfachsten ist es, wenn Sie sich die Streckenführung wie ein großes F vorstellen.

Die Versteckperson startet am unteren Ende des Buchstabens F, geht die Gerade entlang, biegt an einem geeigneten Weg nach rechts ab und legt eine Sackgasse von mindesten 40 Metern. Danach geht sie zurück auf die Gerade, in die sie nach rechts einbiegt, noch mehrere Meter entlang geht, dann wieder nach rechts abbiegt und ein Versteck aufsucht.

Eine Spur, aber kaum Bodenberührung

Die Versteckperson nutzt zur Fortbewegung ein Skateboard, Fahrrad oder wird in einem Rollstuhl, einer Schubkarre, einem Bollerwagen gefahren.

Ein solcher Trail ist nicht nur eine nette Abwechslung, sondern eignet sich gut, um auszuprobieren, was alles möglich ist. Und auch, um zu beobachten, ob der Hund hier ein anderes Suchverhalten zeigt, weil die spärliche Bodenberührung und evtl. schnellere Fortbewegung der gesuchten Person ein anderes Geruchsbild erzeugt.

Ablauf: Am Startpunkt steigt die Versteckperson beispielsweise auf ihr Fahrrad und fährt eine nicht allzu lange Strecke bis zu ihrem Zielort. Wählen Sie für diese Strecken möglichst verkehrsberuhigte Zonen und planen Sie mit ein, dass die fahrende Person in nur wenigen Minuten eine Strecke zurücklegt, für die das Team dann deutlich länger brauchen wird.

Zur Sicherheit wird die Versteckperson nicht fahrend angetroffen, der Hund könnte sie anspringen und zu Fall bringen. Sie steigt am Zielort vom Fahrzeug, stellt es gut sichtbar ab und verbirgt sich ein paar Meter entfernt an geeigneter Stelle. Eventuell liegt die Versteckperson auch »verletzt« neben ihrem Fahrzeug.

In der anderen Variante schiebt oder zieht ein Helfer die Versteckperson in einem geeigneten Gefährt die ausgewählte Strecke entlang. Dadurch ergibt sich gleichzeitig eine zweite Geruchsspur. Nachdem der Helfer die Versteckperson zum Zielort gebracht hat, geht er entweder wieder zurück oder positioniert sich als Ablenkung ein paar Meter entfernt von der gesuchten Person. So muss der Hund am Trailende gleich noch differenzieren, d.h. die Person anzeigen, die zu seinem Suchauftrag passt.

Unterschiedliche Distanzen

Wenn stets über dieselbe Distanz gesucht wird, entsteht bei Hund und Mensch schnell ein bestimmtes Muster. Einige Teams werden beispielsweise nach der gewohnten Distanz zunehmend langsamer, halten nach möglichen Verstecken Ausschau und sind teilweise ziemlich verunsichert, dass der Trail noch weitergeht. Umgekehrt läuft so manch ein an längere Strecken gewöhntes Team erst einmal los und zieht kaum in Betracht, dass die Versteckperson auch bereits nach wenigen Metern aufgefunden werden kann. Variieren Sie deshalb nicht nur die Aufgabenstellung, sondern auch die Streckenlänge.

Kurze Trails ...
... werden oft unterschätzt und als zu einfach eingestuft oder als Anfängertrail angesehen. Aber: Ein guter Trail muss nicht lang sein.

Kurze Trails sind optimal, um bestimmte Schwerpunkte zu trainieren, wie Startübungen, Abzweigungen wahrnehmen oder eine spezielle Umweltsituation, ohne dass das Team durch einen langen Marsch ermattet und unkonzentriert wird. Wenn das Training mal stagniert, können kurze und in diesem Fall eher einfach gehaltene Trails dem Team wieder Sicherheit

Viele unserer Strecken sind zwischen 300 und 400 Meter lang. Auf diesen Distanzen lassen sich problemlos längere Geraden, Abzweigungen sowie bestimmte Aufgabenschwerpunkte unterbringen und die Wartezeit für die anderen Teams bleibt noch akzeptabel.

vermitteln und es neu motivieren. Außerdem lassen sich Kurztrails in der Regel gut organisieren und je nach Aufgabenstellung manchmal sogar von einer bestimmten Stelle aus mit mehreren Teams sternförmig nacheinander durchführen.

Beispiel: Kurz und verwinkelt
Geeignete Bedingungen hierfür finden Sie in einer Altstadt oder einem Ortszentrum mit vielen kleinen Gassen, Wegen, Durchgängen und Nischen sowie im Umfeld von Schulen, Seniorenheimen und Wohnanlagen mit mehreren Gebäudekomplexen, die durch Pfade, Innenhöfe, Treppen, Spielplätze miteinander vernetzt sind.

Ablauf: Die Versteckperson legt vom Startpunkt ausgehend einen Trail von 30 bis ca. 150 Meter, wobei sie mehrmals kurz hintereinander abbiegt, Treppenanlagen, schmale Durchgänge oder Einfahrten zu Tiefgaragen nutzt und sich dann an geeigneter Stelle versteckt.

Das Team startet wie gewohnt, Hund und Mensch müssen von Anfang an konzentriert arbeiten, um keine der Abzweigungen zu verpassen. Bei verwinkelten Strecken braucht der Hundeführer ein gutes Leinenhandling und muss sich geschickt bewegen, damit er den Hund nicht behindert.

Lange Strecken ...
... erfordern körperliche Fitness, Konzentration und Ausdauer von Hund und Mensch. Trailen ist nicht vergleichbar mit dem normalen Spaziergang oder einer längeren Wanderung, eher mit Hochleistungssport.

Lange Trails zu legen und abzuarbeiten benötigt einige Zeit. Die Teilnehmer müssen sich darüber im Klaren sein, dass Wartezeiten entstehen, das Training länger dauert oder das Team nur einen Trail pro Trainingseinheit arbeiten kann. Trotzdem sind Trails von 500 bis 1000 Meter für geübte Teams eine interessante Erfahrung. Mit entsprechender Organisation und einem geeigneten Gelände passen diese Trails ab und an vermutlich auch in die zeitlichen Rahmenbedingungen der Freizeitgruppe.

Beispiel: Blütenblatt-Trail
So nennen wir Trails, bei denen wir längere Strecken rund um den Treffpunkt so anordnen, dass sie wie bei einer Blüte im Bogen wieder zurück Richtung Parkplatz führen. Das ist zeitsparend und so können pro Trainingseinheit ca. 3 bis 4 Teams einen längeren Trail laufen. Bei guter Ortskenntnis oder mit einem nachvollziehbaren Streckenplan kann die Versteckperson auch allein auf den Trail geschickt werden. Das spart nochmals ein wenig Zeit. Bei der Planung sind Straßenverlaufspläne oder Übersichtskarten für das Wald- und Wiesengelände eine gute Hilfe.

Begehbare Gewässer

Je nach Gebiet gehören Strecken durchs Wasser für einige Teams mit zum vertrauten Trailalltag, während sie für andere eher die Ausnahme sind. Eine spannende Aufgabe sind sie allemal: Nehmen die Hunde das Wasser an, beeinflusst ein fließendes/stehendes Gewässer den Geruchsverlauf und die Arbeitsweise des Hundes?

Gut geeignet für Trails sind flache Bäche unterschiedlicher Breite, in denen das Wasser nicht allzu schnell fließt, ausgedehnte Wasserlachen, wie sie auf Wiesen nach stärkeren Niederschlägen entstehen, eine Furt durch einen breiteren Bach oder ein See mit Ausbuchtungen und breitem Flachwasseruferbereich.

Achten Sie dabei immer auf Sicherheit und klären Sie ab, ob in sensiblen Bereichen wie Auwäldern, ausgewiesenen Überschwemmungsbereichen oder Naturschutzgebieten überhaupt trainiert werden darf.

Mögliche Streckenverläufe:

- Die Versteckperson durchquert im Trailverlauf auf direktem Weg eine große Wasserlache auf einer Wiese oder einen Bach.
- Wenn das Gelände passt, kann die Versteckperson den Bach mehrfach überqueren, ähnlich wie beim Seitenwechsel auf einer langen Geraden.
- Die Strecke führt zu einem See mit gut begehbaren Uferbereichen. Dort läuft die Versteckperson für mehrere Meter im Flachwasserbereich entlang, ehe sie den See wieder verlässt und den Trail fortsetzt.
- Die Versteckperson trifft auf einen geeigneten Bach bzw. Wassergraben, läuft ein Stück im Bachbett (mindestens 20 Meter) weiter, geht wieder an Land und dort noch eine gewisse Strecke weiter, ehe sie sich versteckt.

Ideal für einen Trail durchs Wasser: guter Zugang und niedriger Wasserstand.

Ein anspruchsvolles Suchgelände, das Kondition und Trittsicherheit erfordert. Die Versteckperson könnte den Bach überqueren, einige Meter im Bachbett entlanggehen oder sich an geeigneter Stelle am Ufer verstecken.

Geruchspool auf der Strecke

Geruchspool bedeutet: In einem gewissen Areal sammelt sich der Geruch der vermissten Person und breitet sich an dieser Stelle flächig aus.

Unterwegs entsteht ein solcher Geruchspool:

- wenn die Versteckperson pausiert und sich für einige Zeit auf eine Bank setzt, vor einem Schaufenster steht oder auf einer kleinen Fläche mehrfach hin und hergeht,
- aufgrund bestimmter Geländestrukturen wie Senken oder einem von Gebäuden bzw. Sträuchern umschlossenen Bereich. Diese geländebedingten Geruchsansammlungen bemerkt man oft eher zufällig, weil der Hund in einem bestimmten Areal »festhängt« und nur schwer wieder herausfindet.

Gezielter beobachten und üben lässt sich der Umgang mit einem Geruchspool, den die Versteckperson bewusst verursacht.

Ablauf: Die Versteckperson legt einen Trail, verweilt dabei an geeigneter Stelle für mehrere Minuten (sie sollte dafür mindestens 5 bis 10 Minuten einplanen - länger ist immer gut) und setzt danach ihren Weg zum Zielpunkt fort.

Gerät der Hund dann in die Geruchsansammlung verändert sich meist auch sein Suchverhalten und seine Körpersprache. Viele nehmen die Nase hoch, suchen an einigen Stellen sehr intensiv und mehrfach oder pendeln verstärkt hin und her. Manche Hunde finden recht zügig den Spurverlauf aus dem Geruchspool heraus, die meisten aber brauchen etwas Übung bis sie damit zurechtkommen.

Der Hundeführer lässt dem Hund Zeit, mit dieser Aufgabe umzugehen, kann ihn aber bei Bedarf vorsichtig unterstützen. Er umkreist dann beispielsweise mit dem Hund das Areal, sodass dieser mit großer Wahrscheinlichkeit auf die Abgangsspur stößt, oder ermutigt ihn, sobald er aus dem Pool heraus die richtige Richtung einschlägt.

Eine Möglichkeit, um Zeit zu sparen

Der Auffindeort einer gesuchten Person wird für ein weiteres Team als Geruchspool genutzt. Nebeneffekt: das zweite Team erhält dadurch ohne großen Aufwand einen längeren Trail.

Geruchspool unterwegs - Zeit sparen

Rot: Weg der Versteckperson

Grün: Startpunkt Trail-Teams

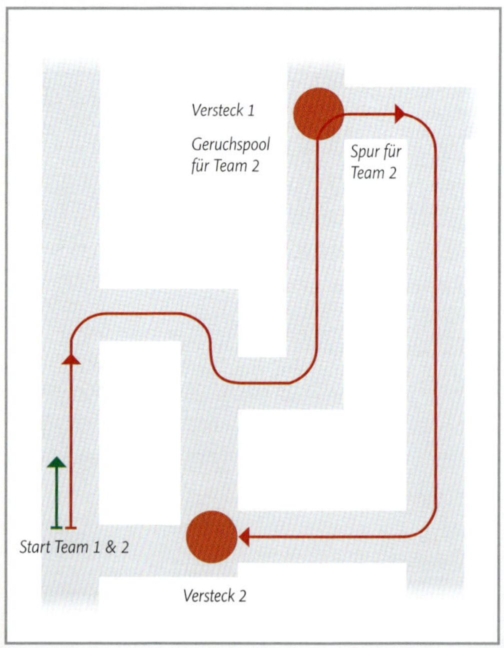

Ablauf: Nachdem die Versteckperson vom ersten Team gefunden wurde, legt sie von ihrem Versteck ausgehend einen weiteren Trail für das nächste Team. Dieses sucht dann auf dem ersten Streckenabschnitt auf der Spur der vorherigen Teams zum ersten Ziel, arbeitet sich dort durch die Geruchsansammlung und verfolgt die Spur weiter bis zum neuen Versteck.

Älterer Geruchspool

Dazu wird der Auffindeort des ersten Trails einer Trainingseinheit zum Geruchspool für einen der letzten Trails. Dieser wird von derselben Versteckperson gelegt und führt von einem anderen Startpunkt aus, auf neuem Weg zum ersten Ziel und von dort aus noch ein oder zwei Straßen weiter. Zwischen den beiden Trails sollte einige Zeit vergangen sein, in der beispielsweise die anderen Teams ihre Spuren arbeiten.

Das Team startet wie üblich. Wenn der Hund in den Bereich des bis dahin vermutlich schon ein oder zwei Stunden alten Geruchspools kommt, beobachtet der Hundeführer, ob und in welcher Form sich sein Vierbeiner dafür interessiert. Sucht er einfach zügig weiter, schnüffelt er vermehrt in diesem Bereich, braucht er einige Zeit, um den Abgang der neuen Spur zu finden und diese weiterzuverfolgen?

Älterer Geruchspool unterwegs

Rot: Weg der Versteckperson

Grün: Startpunkt und Strecke der Trail-Teams

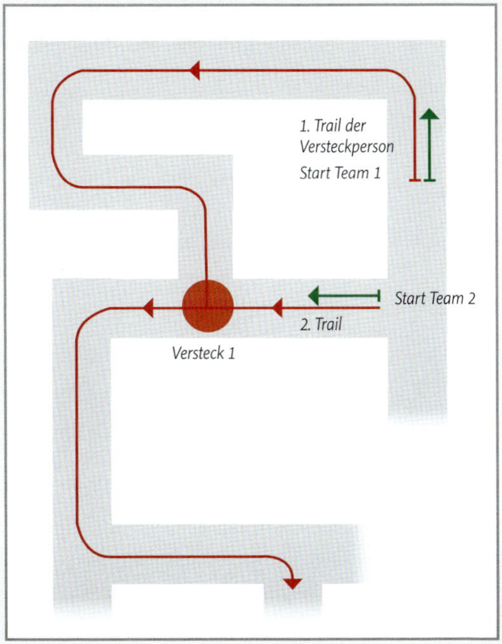

Treppen, Brücken, Unterführungen

Bei diesen Trails liegt der Schwerpunkt darauf, dass der Hund die Spur über unterschiedliche Ebenen verfolgt und auch bei schwächer werdendem Geruch oder Geruchsabriss wieder in die Spur findet. Der Hundeführer lernt, wann und welche Unterstützung sein Hund benötigt. Manchmal reicht eine kleine Ermutigung, damit er die offene Treppe oder den dunklen Tunnel betritt oder sich sicher ist, auf der richtigen Spur zu sein. Ein anderes Mal ist vielleicht eine konkretere Hilfestellung nötig.

Treppen und Brücken

Geschlossene Bauwerke sind meist einfacher zu bewältigen als offene – motorisch und auch geruchlich.

Bei offenen Treppen oder Überführungen »fällt« der Geruch nach unten durch, viele Hunde suchen deshalb zunächst am Fuß der Treppe oder unter einer Brücke weiter. Mögliche Unterstützung: Der Hund erhält ausreichend Leinenspielraum damit er sich orientieren, aber den Umkreis des Aufgangs nicht verlassen kann oder er wird ermuntert, am Beginn der Treppe/ Brücke zu suchen.

Auf Brücken über stark befahrene Straßen oder Bahnstrecken kommt es oftmals aufgrund der Luftbewegungen zu Geruchsabrissen oder Verwirbelungen. Manchmal ist auch die Brückenmitte nicht so einfach zu meistern, besonders bei langen, gewölbten Bauwerken, der Hund scheint hier besonders wenig Geruch wahrzunehmen. Wenn er dann von sich aus nicht mehr weiterkommt oder umdrehen möchte, könnte der Hundeführer ihn zum Brückenende lenken, dort mit einem Signal zum Weitersuchen auffordern und beobachten, ob er hier wieder in die Spur findet.

Unterführungen und Tunnel

In Unterführungen wird der Geruch oftmals wie durch einen Korridor gezogen, manchmal spürt man sogar als Mensch die Luftbewegung. Passiert dies entgegen der Laufrichtung, kann es durchaus sein, dass der Hund immer wieder umdreht.

Bei längeren oder verwinkelten Durchgängen fängt sich der Geruch unter Umständen in Ecken, an denen die Versteckperson nur vorbeigegangen ist. Wenn eine steile Treppe aus der Unterführung nach draußen führt, sammelt sich oftmals viel Geruch am Fuß der Treppe. Der Hund sucht sich an diesen Stellen teilweise regelrecht fest. Auch hier kann der Hundeführer unterstützend eingreifen, indem er mit dem Hund in der Unterführung umhergeht. Dabei lenkt er ihn unmerklich zu einem Punkt, an dem er mit großer Wahrscheinlichkeit wieder auf den Geruch stößt, gibt ihm aber gleichzeitig die Möglichkeit, selbst wieder in den Geruch zu finden.

Übungsbeispiele:

- Der Trail endet damit, dass die Versteckperson auf einer Treppe/Brücke oder im Eingangsbereich einer Unterführung steht. In dieser Trailphase sind die meisten Hunde sehr motiviert und es fällt ihnen leichter, auch noch diese Herausforderung zu meistern, wenn die Versteckperson bereits in Riechweite ist.

- Anfangs wählt man gut begehbare Bauten mit einem breiten Ein- bzw. Aufgangsbereich, die dem Hund das Hineinsuchen leichtmachen. Später führt der Trail über offene Treppenanlagen, unterschiedlich breite und lange Brücken oder durch tunnelartige Unterführungen.

- Der Trail führt im Verlauf über eine Brücke/ Treppe bzw. durch einen Tunnel und anschließend noch eine gewisse Strecke weiter.

- Der Startpunkt befindet sich unmittelbar vor bzw. an den Stufen bzw. dem Eingangsbereich.

- Das Bauwerk wird als Sackgasse genützt und die Versteckperson kehrt mittendrin oder am Ende wieder um. Ein solcher Trail wird zunächst wissend gelaufen, damit der Hundehalter die Umkehrsignale seines Hundes besser einordnen kann.

Geht es hier weiter? Der Hundeführer lässt dem Hund genügend Leinenspielraum für Entscheidungen.

- Eine besondere Herausforderung für viele Hunde und Hundeführer sind schmale, gut gesicherte Hängebrücken oder kleine Stege aus Holzbohlen bzw. Gitterrosten über Wasserläufe.

Trailunterbrechungen üben

Diese reichen vom kurzen Warten, bis eine Straße überquert werden kann oder Passanten vorbeigegangen sind, bis hin zur kleinen Erholungspause oder einem Sucheabbruch und Wiederaufnahme der Spur an anderer Stelle.

Kurz anhalten

Der Hund lernt, dass eine kurze Unterbrechung zum Trailen dazu gehören kann. Er wartet, bis eine Türe geöffnet wird oder sein Hundeführer im unwegsamen Gelände wieder zu ihm aufgeschlossen hat.

Anfangs übt man das Warten am besten dann, wenn der Hund motiviert und zielstrebig einer Spur folgt, die Unterbrechung dauert nur kurz (bei manchen Hunden reichen da einige Sekunden), danach wird er mit einem Signal sogleich wieder zum Weiterarbeiten aufgefordert. Sinnvoll ist ein Signal fürs Anhalten wie »Warte«, evtl. verbunden mit einem Griff ins Halsband/Geschirr, um den Hund an einer stark befahrenen Straße zu sichern.

Im weiteren Verlauf wird das kurze Warten in unterschiedlichen Situationen geübt und unabhängig davon, ob der Hund auf der richtigen Spur ist oder nicht. Er darf keinesfalls den Eindruck gewinnen, warten bedeutet, dass er falsch läuft, zurückkommen oder eine andere Richtung einschlagen sollte.

Hier geht es nicht weiter

Ab und an kann das Team der Spur einer vermissten Person nicht auf direktem Weg folgen und muss eine Umgehung finden. Bei einem Gebäude sind beispielsweise »plötzlich« die Eingänge verschlossen, ein Hofplatz oder eine Weide ist nicht mehr zugänglich, die Rolltreppe darf nicht betreten werden oder das Team kann eine größere Straße nicht genau an der Stelle überqueren, die die Versteckperson genommen hat.

Ob der Hund zum Umgehen anders geführt wird oder ein besonders Signal erhält, wird unterschiedlich gehandhabt. Ich schnalle hier die Leine vom Geschirr zum Halsband um. Leine am Geschirr bedeutet für mich und meinen Hund: der Vierbeiner arbeitet und führt mich, Leine am Halsband bedeutet beim Trailen entweder Pause oder ich führe ihn von A nach B.

Übungsbeispiele:

Die Versteckperson legt einen Trail hin zum Tor einer Weide oder eines Gartens, den sie betreten darf und an einer gegenüberliegenden Stelle

Unwegsame Stelle im Gelände: Der Hund wird warten müssen, bis sein Hundeführer ebenfalls den Baumstamm überklettert hat, evtl. muss die Suche an dieser Stelle kurz unterbrochen werden und das Team einen Umweg machen.

wieder verlassen kann. Danach geht sie noch einige Meter weiter bis zum Zielort.

Nähert sich das Team dem Tor wird simuliert, dass der Zugang nicht (mehr) möglich ist. Der Hundeführer unterbricht die Suche mit einem eindeutigen Hinweis an den Hund, bespricht sich evtl. mit seinen Begleitern. Wie kann die Strecke umgangen werden und an welcher Stelle nach der Umgehung könnte der Hund wieder auf die Spur treffen. Danach wird der Hund an die ausgewählte Stelle geführt und erhält das Signal zum Weitertrailen.

Im Trailverlauf benutzt die Versteckperson eine Rolltreppe. Der Hundeführer stoppt den Vierbeiner, eher dieser die Rolltreppe betritt, und führt ihn über die Stufen daneben auf die andere Gebäudeebene.

Etwas Besonderes ist es, wenn an einem kleinen See trainiert wird und die Versteckperson schwimmend, per Ruderboot oder auf einem Stand-up-Paddleboard auf eine gegenüberliegende Seite gelangt oder auf diese Weise eine kleine Bucht durchquert. Auch hier unterbricht der Hundeführer die Suche und führt den Hund um den See. Wenn wissend getrailt wird, kennt der Hundeführer die aus dem See führende Stelle und kann seinen Hund dort wieder auf die Spur ansetzen. Bei einem Single- oder Double-Blind-Trail muss unter Umständen ein größerer Uferbereich abgesucht werden.

Pause

Abhängig von der körperlichen und mentalen Belastbarkeit, dem Streckenverlauf, den Temperaturen oder Schwierigkeiten auf dem Trail, kommen Hund und Mensch mitunter an ihre Grenzen. Erste Anzeichen könnten sein: Der Hund arbeitet ungenauer, hechelt vermehrt, manche »unterbrechen« von selbst kurz immer mal wieder die Suche, in dem sie stehen bleiben, mehrmals tief atmen oder den Trail verlassen und privat herumschnüffeln. Auch der Hundeführer bemerkt, dass er unkonzentrierter wird, seinem Hund nicht mehr so schnell folgen kann oder Schwierigkeiten in einem bestimmten Gelände hat.

Warten Sie nicht, bis ein Teampartner schon recht erschöpft ist, sondern legen sie rechtzeitig eine Pause ein. Auch Pausieren kann man üben:

- Die Suche wird an geeigneter Stelle zunächst nur kurz unterbrochen. Ein verbales Signal »Pause« oder das Umschnallen der Leine signalisiert dem Hund, dass er jetzt »frei« hat. Er kann an Ort und Stelle sitzen/stehen bleiben, abseits ein wenig schnüffeln und bekommt etwas zu trinken. Viele Hunde trinken allerdings nicht sogleich, sondern erst, wenn sie etwas zur Ruhe gekommen sind.

- Die Pausenzeit wird verlängert, sodass sich der Hund im Ernstfall wirklich etwas erholen könnte.

- Danach gibt der Hundeführer mit einem entsprechenden Signal und dem Umschnallen der Leine, seinem Hund das Zeichen, dass es nun wieder weitergeht.

Am **Ende** des Trails

Wertschätzung

Das Wichtigste am Ende eines Trails ist für mich neben dem Ankommen bei der Versteckperson die Wertschätzung für den Hund. Ohne ihn wäre die Versteckperson nicht gefunden worden! Freuen Sie sich mit ihm und bleiben Sie gedanklich beim Hund und seiner Leistung, auch wenn es Sie drängt, sich sogleich mit den Begleitern auszutauschen. Ihr Hund freut sich nicht nur über ein hochwertiges Leckerli, sondern möchte auch Ihre Anerkennung spüren.

Viele Hunde schätzen nach der Belohnung eine Art Schlussritual: Das Geschirr wird abgenommen bzw. die Leine umgehakt als Zeichen dafür, dass nun die Suche beendet ist. Der Hund bekommt Wasser, kann sich versäubern oder wälzt sich kurz mal im Gras. Das Team geht zusammen mit der Versteckperson zurück zum Ausgangspunkt, dabei ist vielen Hunden eine gewisse Zufriedenheit richtiggehend anzumerken und sie nehmen immer wieder Kontakt zu den neben ihnen gehenden Menschen auf. Dieser Rückweg gehört für mich mit zum Trail, Hund und Mensch bekommen die Zeit, die sie dafür brauchen. Deshalb wird auch der Hundeführer nicht gleich als Versteckperson für den nächsten Trail eingeplant.

Beobachtungs-Aufgabe

Sehr oft wird nach menschlichen Maßstäben belohnt mit viel Jubel, Streicheln oder besonderen Leckerli. Aber welche Form der Anerkennung schätzt Ihr Hund wirklich? Fotos bzw. Videoaufnahmen in unterschiedlichen Auffindesituationen mit wechselnden Versteckpersonen können hierbei sehr aufschlussreich sein.

Erfahrene Versteckpersonen mit einem »Händchen« für unterschiedliche Hunde sind sehr wertvoll.

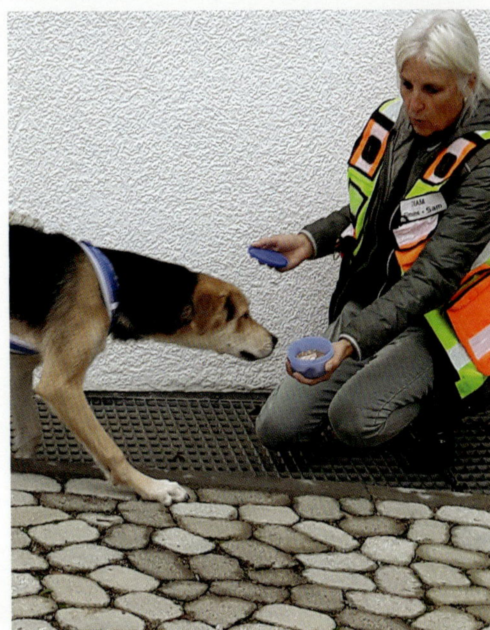

Zufrieden und glücklich am Ende eines erfolgreichen Trails. Dieser Hund schätzt die Aufmerksamkeit und das Lob von Hundeführerin und Versteckperson.

Betrachten Sie die Körpersprache des Hundes in den einzelnen Sequenzen völlig wertneutral, vermutlich erkennen Sie eine Tendenz, was dem Hund angenehm/unangenehm ist und worüber er sich wirklich freut.

Möchte er sogleich belohnt werden oder erst einmal ankommen und durchatmen? Freut er sich über leises Lob und dezente Zuwendung oder eher jubelnde Freude? Schätzt er ein besonderes Futter oder Spielzeug? Findet er es schön, an bestimmten Stellen gestreichelt zu werden? Möchte er in Ruhe seine Belohnung verspeisen oder sich mit seinem Spielzeug beschäftigen?

Oben, unten, drinnen, draußen – viele Versteckmöglichkeiten

Häufig genutzte Verstecke führen schnell dazu, dass der Hund diese fast automatisch ansteuert und dort nachschaut, obwohl er dabei evtl. seine Spur verlassen muss. Auch mancher Hundeführer wendet sich gedanklich und damit meist auch körpersprachlich den üblichen Ecken zu.

Dabei gibt es so viele Möglichkeiten! Versteck bedeutet auch nicht, dass die gesuchte Person stets irgendwo verborgen sein muss. Sie kann deutlich erkennbar vor einem Schaufenster stehen, an einer Skulptur lehnen oder auf einer Bank sitzen.

Erhöhte Verstecke

Hierfür gibt es verschiedene Optionen:

- Treppenabsätze oder kleine Mäuerchen.
- Hochsitze/Klettergerüste, die betreten werden dürfen.
- Bäume mit geeigneten Astgabelungen oder stabil gelagerte Holzstapel.
- Ladefläche eines Fahrzeug-Anhängers mit Seitenverkleidung.
- Auch eine ausgeprägte Böschung seitlich des Wegs kann für sportliche Versteckpersonen und Teams ein gutes Hochversteck sein.

Ablauf: Das Team startet und arbeitet wie gewohnt. Um die Versteckperson in ihrer erhöhten Position zu lokalisieren, brauchen viele Hunde etwas Zeit und auch Übung. Bei nach unten offenen Verstecken, wie einem Klettergerüst, findet sich viel Geruch am Boden. Daher sucht der Hund meist auch erst einmal unter dem Hochversteck, wobei er vermutlich ab und an den Kopf hochnimmt und in die Luft schnüffelt.

Ist das Versteck nach unten und seitlich geschlossen findet er den Geruch eher beim Umkreisen und an der Stelle, an welcher die Versteckperson hochgeklettert ist.

Hinter Türen oder Hecken

Die Versteckperson verbirgt sich hinter einer Türe, einem dichten Zaun oder einer Hecke. Der Hund muss erst einen Weg zu ihr finden oder sehr deutlich anzeigen, dass es hinter der Türe weitergeht. Damit der Hundeführer die zunächst evtl. etwas zögerlichen Anzeigen bemerken und den Hund beim Öffnen der Türe unterstützen kann, werden die ersten Türverstecke am besten wissend getrailt.

Ablauf: Anfangs wird dem Hund der Zugang zur Versteckperson so leicht wie möglich gemacht. Die Türe ist beispielsweise halb geöffnet und er muss sie nur etwas aufstoßen, um zur Versteckperson, die direkt dahintersteht, zu gelangen. Versperrt ein Zaun den Weg, erreicht er die Versteckperson durch eine gut zugängliche breite Lücke.

Ist der Hund mit solchen Hindernissen vertraut, steht die Türe nur noch einen Spalt weit offen bzw. wird geschlossen und die Lücke im Zaun ist etwas schwieriger zu finden.

Bei selbstöffnenden Türen, wie sie häufig in öffentlichen Gebäuden zu finden sind, braucht der Hund Unterstützung beim Öffnen der Türe und um die Tür offen zu halten, während er in den Raum hineinsucht.

Im Fahrzeug

Nutzen Sie für diese Übung möglichst ein schon etwas älteres Fahrzeug, das evtl. ein paar Kratzer vertragen kann. Zudem muss sichergestellt sein, dass niemand durch plötzlich zufallende Türen verletzt werden kann.

Ablauf: Die Versteckperson sitzt oder liegt im Fahrzeug. Zunächst kann auch hier die entsprechende Türe bzw. der Kofferraum einen Spalt breit oder komplett offenstehen. Bei weiteren Trails sind nur ein oder mehrere Fenster geöffnet bis hin zum komplett geschlossenen Auto.

Sobald sich der Hund dem Fahrzeug nähert, bekommt er ausreichend Leinenspielraum, denn vermutlich sucht er erst eine Weile darum herum. Bei Bedarf macht ihn der Hundeführer mit einer Handbewegung auf die Türen aufmerksam oder unterstützt ihn beim Öffnen des halb geschlossenen Kofferraums.

Ein großer, stabiler Karton ...

... gibt ebenfalls ein gutes Versteck ab. Nachdem es sich die Versteckperson darin »bequem« gemacht hat, wird der Karton teilweise oder gänzlich verschlossen. Geeignete Stellen für die Aufstellung: Gehweg, Garageneinfahrt in einem Wohngebiet, am Rande eines Parkplatzes (Waldgebiet, Einkaufszentrum) oder neben Abfallcontainern. Je nach Standort muss das Umfeld zuvor sorgfältig nach Scherben o.Ä. abgesucht werden, denn der Hund wird bei seiner Suche den Karton mit großer Wahrscheinlichkeit mehrfach umkreisen. Rechnen Sie auch damit, dass er darauf springen könnte oder versucht, ihn mit den Pfoten zu öffnen.

Von der Luftströmung abgeschnitten

Sicher haben Sie schon erlebt, dass der Hund mehrmals an einer in Sichtweite stehenden Versteckperson vorbeigelaufen ist, ohne sie zu bemerken. Im Prinzip ist das positiv, zeigt es doch, dass der Hund ausschließlich nach Geruch und nicht auf Sicht sucht. Im Ernstfall würde man eine gesuchte Person selbstverständlich sogleich betreuen, sobald man sie wahrnimmt. Im Training eignen sich derartige Situationen gut, um die Ausdauer des Hundes und die Geduld des Hundeführers zu trainieren.

An vielen Gebäuden gibt es Ecken und Nischen, die so verwinkelt sind oder ungünstig liegen, dass der Hund kaum Geruch von einer dort befindlichen Person bekommt. Die Versteckperson stellt/setzt sich in eine solche Ecke, ihr der Geruch sammelt sich zwar an dieser Stelle, aber die Luftströmung geht daran vorbei und macht es dem Hund nicht so einfach, sie zu lokalisieren.

Neben Gebäudeecken gibt es noch andere Stellen, die von der Luftströmung mehr oder

Verstecke werden häufig nach menschlichen Maßstäben ausgewählt. Wir überlegen, was spannend, einfach oder schwierig sein könnte, der Hund sieht das evtl. völlig anders.

Hier befindet sich die gesuchte Person in der erhöhten Fahrzeugkabine. Für manchen Hund wirklich eine schwierige Aufgabe, für andere ein ganz normales Versteck, das keinerlei Mühe bereitet.

Der Trail führt den schmalen Pfad entlang und bietet an dieser Stelle unterschiedliche Versteckmöglichkeiten: Die gesuchte Person könnte den Bach überqueren und sich im gegenüberliegenden Uferbereich aufhalten, ein paar Meter die Böschung hochgehen oder sich zwischen die Bäume entlang des Weges stellen.

weniger abgeschnitten sein können: die von Büschen umgebene Bank, Innenhöfe oder der Weg in die schmale Gasse hinein. Meist entdeckt man sie durch Zufall anhand des Suchverhaltens des Hundes, der im Zielgebiet mehrfach an der Stelle vorbei sucht oder das Gebiet umrundet, bis er die Versteckperson endlich aufspürt.

Versteckwechsel

Zunächst sollte die Versteckperson ein Versteck, in das sie geschickt wurde und in dem sie sich bereits mehrere Minuten aufgehalten hat, nicht ohne Rücksprache mit dem Trailverantwortlichen wieder verlassen, um z.B. einen ihrer Meinung nach noch besseren Platz zu suchen. Zum einen steckt hinter der Anweisung eine Überlegung des Trainers, zum anderen kann sich am ersten Standort ein Geruchspool bilden, der es dem ungeübten Hund erschwert, aus diesem Areal wieder herauszufinden.

Später kann der Versteckwechsel eine bewusste Aufgabe sein, bei der sich der Hund dann Stück für Stück zur gesuchten Person vorarbeiten muss.

Viele Verstecke dicht beieinander – gute Bedingungen für einen bewussten Versteckwechsel.

Beispiele:

- Die Versteckperson sucht ein Versteck auf, verlässt es jedoch nach einigen Minuten wieder, um sich wenige Metern entfernt an anderer Stelle zu verstecken

- Das Trailende befindet sich auf einem Spielplatz o.Ä. mit mehreren Versteckmöglichkeiten. Die gesuchte Person klettert zunächst auf ein Gerüst, verlässt es wieder, um sich für ein paar Minuten auf die Schaukel zu setzen und sucht dann einen kleinen Unterschlupf als Endversteck auf.

- Die Versteckperson setzt sich für mehrere Minuten auf eine Bank, steht wieder auf und legt/setzt sich dann ein Stück weit entfernt auf den Boden, sodass sie von der Bank aus nicht zu sehen ist.

Achtsamkeit kurz vor dem Ziel

Die meisten Hunde zeigen deutlich, wenn sie der Versteckperson immer näherkommen. Ihr Tempo erhöht sich, oft streben sie mit langgestreckter Körperhaltung und viel Dynamik dem Ziel entgegen. Der Hundeführer verspürt den verstärkten Zug und mancher ist geneigt, auf den letzten Metern die Leine fallen zu lassen, weil er dem immer schneller werdenden Vierbeiner kaum mehr folgen kann. Dies sollte jedoch die absolute Ausnahme sein, ehe der Hundeführer zu Fall kommt. Denn es besteht immer das Risiko, dass der Hund doch noch von der Spur abkommt, ein falsches Versteck anpeilt oder sich und andere in Gefahr bringt.
Besser ist es, die Situation bei Bedarf für eine kurze Warteübung zu nützen, der Hund hält kurz an, bis der Hundeführer wieder zu ihm aufgeschlossen hat.

Kann der Hund die gesuchte Person nicht sogleich orten oder muss erst einen gangbaren Weg zu ihr finden, schwindet oftmals die anfängliche Zielstrebigkeit. Je nach Persönlichkeit und Trailerfahrung sucht der Hund ausdauernd weiter, schnüffelt alibimäßig herum, wird zunehmend unruhig, wendet sich seinem Menschen zu: »Hier muss sie doch irgendwo sein.« Als Hundeführer ist es mitunter nicht einfach, den Bewegungen des Hundes zu folgen und gleichzeitig zu beobachten, ob er noch motiviert sucht und versucht die Situation eigenständig zu lösen oder Unterstützung benötigt.

Hat der Hundeführer den Eindruck, sein Hund findet sich nicht mehr zurecht, hilft es oftmals, mit ihm nochmals einige Meter zurück auf die Strecke zu gehen und ihn dort erneut anzusetzen. Für manche Hunde wird es dadurch etwas einfacher, sich an die Versteckperson heranzusuchen.

Die Versteckperson verhält sich »anders«

Wenn der Hund die Versteckperson stets in einer bestimmten Position vorfindet oder diese ihm gegenüber immer dasselbe Verhalten zeigt, kann dies für ihn zum Erkennungsmerkmal werden. Es ist möglich, dass er dann auch zu einer unbeteiligten Person strebt, die in typischer Haltung auf einer Parkbank sitzt oder einer Laterne lehnt. Falls er daran gewöhnt ist, dass seine Versteckpersonen immer Warnwesten tragen, wird er evtl. auch einen Bauarbeiter oder einen Jogger

»Gleich bin ich am Ziel!«

»Hier muss die Versteckperson doch irgendwo sein?«

mit entsprechender Kleidung anzeigen. Variieren Sie deshalb von Anfang an die Auffindesituation: Die Versteckperson steht, sitzt, liegt, bewegt sich, dreht dem Hund den Rücken zu, schaut ihm entgegen oder beachtet ihn nicht.

Die Versteckperson geht umher ...

... und bewegt sich dabei in unterschiedlichem Tempo: Spaziergehschritt, joggen, schlendern, schnelle, energische Schritte. Ergänzend dazu könnte sie lebhaft gestikulieren, Walkingstöcke benutzen oder aufs Handy schauen.

Die Versteckperson
- läuft am Auffinde-Ort hin und her,
- kommt dem suchenden Team entgegen,
- bewegt sich vom Team weg.

Ablauf: Mit der Versteckperson wird zuvor besprochen, in welchem Tempo und in welche Richtung sie sich bewegt. Bei unsicheren Vierbeinern geht sie zunächst in eher langsamem Tempo, steuert nicht frontal auf den Hund zu und vermeidet allzu lebhafte Gesten. Auch bei Hunden, die zum Nachrennen neigen, ist ein gemäßigtes Tempo besser, vor allem, wenn sich die Person vom Trailteam wegbewegt.

Nähert sich das Team der gesuchten Person, verhalten sich alle so, als ob sie sich nicht kennen würden. Es ist durchaus möglich, dass der Hund erst einmal vorbeiläuft, die meisten drehen sich dann nach einigen Metern um, suchen nach dem Geruch, den sie in der Nase haben und wenden sich der Versteckperson zu. Findet der Hund den gehenden Menschen dennoch nicht, bleibt dieser stehen, ohne den Vierbeiner zu beachten. Eine weitere Hilfe könnte sein: die Versteckperson wendet sich dem Hund zu, der Hundeführer nimmt den Hund einige Meter zurück und lässt ihn erneut auf die Spur hin zur Versteckperson, die sich nur etwas auffälliger, jedoch nie abschreckend verhält.

Die Versteckperson ist beschäftigt oder nicht ansprechbar

In der Anfangszeit wird der Hund sehr zügig gelobt und belohnt, sobald er bei der Versteckperson angekommen ist und sie anzeigt. Er muss sich jedoch auch daran gewöhnen, dass sich eine vermisste Person ihm gegenüber zunächst neutral verhält oder nicht ansprechbar ist.

Eine unbeteiligt wirkende Versteckperson am Straßenrand.

Für viele Hunde ist eine liegende Person, die in keiner Form mit ihnen kommuniziert sehr irritierend. Manche Hunde halten Abstand, wenden sich nach einem erfolglosen Kontaktversuch sogleich wieder ab oder ihrem Menschen zu. Andere stupsen die Person an oder kratzen an ihr (Achtung Verletzungsgefahr) und manche legen sich einfach dazu.

Die Versteckperson

- liest Zeitung, in einem Buch, schaut aufs Handy,
- ist in ihre Arbeit vertieft, pflückt Blumen, gräbt den Garten um, jätet Unkraut, bastelt am Auto, kehrt den Gartenweg oder macht Fitnessübungen auf einem Trimm-Dich-Pfad,
- liegt oder sitzt regungslos auf dem Boden oder einer Parkbank,
- deckt sich mit einer Jacke zu, verdeckt ihr Gesicht mehr oder weniger mit einem Regenschirm, zieht die Kapuze über den Kopf oder breitet eine Plane über sich aus.

Versteckperson, Hundeführer und Ausbilder besprechen zuvor, wie lange der Hund nicht beachtet wird bzw. ab welchem Moment ihm die Versteckperson beim Erkennen hilft, indem sie sich ihm zuwendet, die vors Gesicht gehaltene Zeitung etwas senkt oder nicht mehr regungslos verharrt. Der Hund bekommt jedoch zunächst genügend Zeit, mit der für ihn ungewohnten Auffindesituation umzugehen. Evtl. benötigt er eine Aufmunterung durch den Hundeführer, um dranzubleiben, obwohl die Person keine Reaktion zeigt.

Differenzieren – der sogenannte Y-Trail

Hierbei muss der Hund am Trailende zwischen zwei oder mehreren Personen diejenige herausfinden, die zu seinem Suchauftrag passt. Y-Trail deshalb, weil sich die Personen dabei oftmals in Form eines Ypsilons aufstellen.

Ablauf: Die Versteckperson und eine weitere Person gehen gemeinsam auf die Strecke und legen eine Spur, die vom Startpunkt aus mit ein oder zwei Abzweigungen zum Ziel führt. Dort trennen sich die Beiden und stellen sich im Abstand von mehreren Metern zueinander auf. Der eine geht beispielsweise am Trennungspunkt einige Meter nach rechts, der andere nach links und versteckt sich jeweils an geeigneter Stelle. Das Versteck sollte eher einfach gehalten sein.

Der Hund wird wie üblich am Startpunkt angesetzt und arbeitet den Spurverlauf aus.

Wenn der Hundeführer weiß, welche Person gesucht wird, kann er die Signale seines Hundes evtl. etwas besser einschätzen. Es besteht jedoch auch die Gefahr, den Hund auf den letzten Metern doch etwas zu »steuern«.

Ein Y-Trail kann unterschiedlich abgewandelt werden. Welche Variante für den einzelnen Hund leichter zu arbeiten ist bzw. mit welcher er zunächst Probleme hat, ist sehr unterschiedlich.

- Y-Trail, bei dem Versteckperson und Begleitperson zu sehen sind.

- Y-Trail, bei dem nur die Begleitperson zu sehen ist, die gesuchte Person befindet sich außer Sicht.

- Versteckperson und Begleitperson stehen mit einigen Metern Abstand hintereinander am Wegesrand, wobei die gesuchte Person an letzter Position ist, sodass der Hund an der Begleitperson vorbeisuchen muss.

- Y-Trail mit Versteckperson und mehreren Begleitern. Dazu trifft sich die Versteckperson mit weiteren Teilnehmern der Trailgruppe, die auf anderem Wege zum Endpunkt gelangen.

Üben Sie das Differenzieren mit bekannten und unbekannten Personen. Für manchen Vierbeiner ist es nicht so einfach, sich auf den Suchauftrag zu fokussieren und eine Begleitperson zu ignorieren, die er besonders gerne hat.

Manchmal ergeben sich spontane Differenzierungen am Zielort. Die Versteckperson trifft dort beispielsweise auf Passanten, Parkbesucher oder Anwohner, die auf Nachfrage als Ablenkung fungieren. Die Versteckperson positioniert sich in entsprechendem Abstand zu den Fremden und informiert auch den Trailverantwortlichen über die Situation.

Ende ohne Versteckperson – Pickup

Eine Spur kann enden, ohne dass die Versteckperson gefunden wird, weil sie beispielsweise an dieser Stelle in ein öffentliches Verkehrsmittel oder ein Auto gestiegen ist. Beim Trailen nennt man das »Pickup« oder »Negativ-Ende«. Dieses Negativ ist nicht identisch mit einem Negativ-Trail-Start (Seite 37 und 82), auch wenn das Such- und Anzeigeverhalten des Hundes dabei oftmals ähnlich ausschaut.

Beim Negativ am Start sucht der Hund einen bestimmten Bereich ab, findet dort aber keinen mit dem Geruchsträger übereinstimmenden Geruch und geht deshalb nicht auf die Strecke.

Beim Pickup hingegen löst sich der Hund nicht aus einem bestimmten Bereich, weil für ihn die Spur dort endet. Die gesuchte Person war hier, er hat ihren Geruch in einem gewissen Umkreis überall in der Nase, findet aber keine Spur, die aus diesem Bereich herausführt.

Pickups sind mit einigem Aufwand verbunden und können deshalb oft nur mit ein oder zwei Teams pro Trainingstermin durchgeführt werden.

Meist ist ein Auto mit geschlossenen Fenstern und Verdeck dafür die einfachste Möglichkeit. Die ersten Pickups werden wissend getrailt, damit der Hundeführer am Endpunkt rechtzeitig reagieren kann.

Ablauf: Die Versteckperson

- legt eine Spur, steigt am Endpunkt in ihr Auto und fährt damit weg,
- verlässt an einem Parkplatz ihr eigenes Fahrzeug, überquert den Platz und setzt sich in ein Auto, mit dem sie abgeholt wird.

Der Hund wird am Startpunkt angesetzt und arbeitet die Spur bis zum Pickup. Dort sucht er mit großer Wahrscheinlichkeit zunächst nach dem weiteren Verlauf der Spur. Manche riechen verstärkt genau an der Stelle, an welcher die Person ins Fahrzeug gestiegen ist.

Der Hundeführer lässt ihm eine gewisse Zeit zum Suchen (es könnte sich ja theoretisch auch um einen Geruchspool handeln, aus dem er irgendwann wieder herausfindet), bricht dann ab, lobt den Hund und nimmt ihn aus der Suche heraus.

Auch hier hängt es, wie beim Negativ am Start, von der Ausbildungsmethode ab, in welcher Form der Hund mitteilt, dass es nicht mehr weiter geht und evtl. sogar anzeigt, an welcher Stelle die gesuchte Person den Ort verlassen hat.

In und um **Gebäude**

Alle Möglichkeiten ausnutzen

Gebäudetrails sind eine interessante Ergänzung zu den sonst üblichen Strecken. Als Freizeitgruppe hat man in der Regel jedoch nur begrenzt Zugriff auf geeignete Anwesen. Es braucht Ideen und Kontakte, um etwas Passendes zu finden, und auch Kreativität, um die zur Verfügung stehenden Möglichkeiten optimal auszuschöpfen. Nicht immer können Sie den gesamten Gebäudekomplex nutzen, doch auch bei Teilbereichen sind interessante Aufgaben möglich.

Der Trail für dieses Team beginnt auf dem Parkplatz neben dem Schulgelände, führt über einen breiten Weg durch die Außenanlage und endet im Eingangsbereich einer Sporthalle.

Schulgebäude ...

... eignen sich hervorragend! Oft kann man nach Absprache auch in Eingangsbereichen, Fluren oder einem bestimmten Gebäudeteil suchen.

Wenn »nur« die Außenanlagen eines Schul- oder Sportgeländes zur Verfügung stehen, verläuft die Strecke beispielsweise rund um ein Gebäude mit vielen Ecken und Einbuchtungen.

Selbst, wenn nur die Außenanlagen zugänglich sind, gibt es dennoch genügend Strukturen, wie Pavillons, Treppen, Unterstände für Fahrräder oder Gebäudedurchgänge, die in die Suche mit einbezogen werden können. Wir nutzen ein solches Gelände bevorzugt während der schulfreien Zeit, damit die Ablenkung für die Teams geringer ist und sich Schüler und Lehrer nicht gestört fühlen.

Rund um eine Seniorenresidenz finden sich ähnliche Bedingungen: mehrere Gebäude, die durch Wege und Freiflächen miteinander verbunden sind, meist ist auch der Eingangsbereich öffentlich zugänglich. Manche Bewohner verfolgen das Geschehen dann sehr interessiert oder stellen sich spontan als Ablenkung zur Verfügung.

In Tiefgaragen und Parkdecks ...

... herrschen besondere Bedingungen. Größere freie Flächen, Fahr- und Fußwege, Pfeiler und Nischen sind charakteristisch für ein solches Gebäude. Der Wind zieht hindurch und nimmt den Geruch mit, genauso wie die an- und abfahrenden Autos. Der Hund findet den Geruch deshalb oftmals an Stellen, an denen die Versteckperson nie war und läuft vermutlich auch einen etwas anderen Weg als diese. Fahrzeuglärm und Abgase erschweren die Suche zusätzlich und machen vielen Hunden sehr zu schaffen.

Trailen Sie möglichst in Zeiten mit wenig Verkehrsaufkommen, ein Begleiter sichert das Team und behält die Fahrzeuge im Auge. Achten Sie auf gutes Leinenhandling. Es sollte auch dann keine Leinenberührung mit den Fahrzeugen geben, wenn der Hund dicht daran vorbeisucht oder abrupt um eine Ecke biegt.

Mögliche Trail-Verläufe:

- Der Trail beginnt bereits ein oder zwei Straßen vor dem Parkhaus, führt ins Innere und endet dort am Kassenautomat.

- Die Versteckperson betritt ein Parkdeck, durchquert es, verlässt es über einen zweiten Ausgang und schlendert anschließend durch eine Grünanlage.

- Die Versteckperson geht von ihrem in der Tiefgarage abgestellten Fahrzeug über das Treppenhaus nach draußen.

- Der Trail verläuft ausschließlich im Parkhaus. Er beginnt beispielsweise am Kassenautomat oder der Eingangstür, von dort aus läuft die Versteckperson durch ein oder zwei Ebenen des Gebäudes und setzt sich dann in einer Nische auf den Boden.

Kleine Aussichtstürme oder -plattformen ...

... sind ein ungewöhnliches Hochversteck oder bilden eine Art Sackgasse, teilweise mit Geruchspool, wenn die gesuchte Person dort eine Weile die Aussicht genießt und danach weitergeht.

An Stadtmauern oder Burganlagen gibt es ab und an Aussichtsplattformen, die durch Wehrgänge mit anderen Aussichtspunkten oder Gebäudeteilen verbunden sind. Hier kann der Trail zusätzlich durch dunkle Gänge, Innenhöfe, Treppenanlagen und Torbögen führen.

Oftmals muss sich der Hund den Zugang zum Turm erst erarbeiten. Bei offenen Treppen oder einer nur leicht erhöhten Plattform findet er viel Geruch am

Boden rund um das Bauwerk. Es dauert oft eine Weile, bis er dann in die Höhe sucht.

Bei einem geschlossenen Bauwerk sucht er vielleicht zunächst daran vorbei oder drumherum, ehe er den Eingang findet oder bei einer mehr oder weniger geschlossenen Türe anzeigt, dass es dahinter weitergeht.

Die Treppenstufen und Gänge sind meist schmal, ausgetreten, gewendelt und verwinkelt, was ein ruhiges, überlegtes Arbeiten und ein geschicktes Leinenhandling erfordert.

Landwirtschaftliche Anwesen und Gärtnereien ...

... mit mehreren Gewächshäusern und Nebengebäuden sind genial zum Trailen. Ich wünsche Ihnen, dass Sie einen aufgeschlossenen Eigentümer finden und ab und an in einem solchen Gelände trainieren können. Vermutlich dürfen Sie bestimmte Bereiche, wie Stallungen nicht betreten, dennoch bleiben genügend Möglichkeiten:

- Vom Hof des landwirtschaftlichen Anwesens durch eine Lagerhalle, vollgestellt mit Maschinen, über ein kleines Freigelände bis zum Schuppen auf der angrenzenden Wiese.
- Strecken, vorbei an Volieren mit Geflügel oder einer Kompostanlage.
- Vom Parkplatz der Gärtnerei in den Verkaufsraum und weiter in ein Gewächshaus.
- Interessante Trails ergeben sich auch, wenn Sie das Wohnhaus oder Räume mit einbeziehen dürfen, in denen sich die Mitarbeiter aufhalten.

Wir können ab und an in einem älteren, leerstehenden Bauerhaus suchen und dabei ganz unterschiedliche Trails ausarbeiten. Spuren, die in bzw. aus dem Gebäude führen, quer durch das gesamte Anwesen verlaufen und die alten, steilen Holztreppen mit einbeziehen. Oder eine Strecke, bei der die Versteckperson vom Hofplatz durch Scheune und Nebenräume bis zu einer kleinen Freifläche zwischen Wohnhaus und Schuppen geht.

Rein und raus – hinter der Tür geht es weiter

Für manche Teams macht es einen Unterschied, ob ein Trail in das Gebäude hinein oder aus ihm herausführt. Beide Möglichkeiten können zunächst separat geübt werden. Sobald das Team Erfahrung mit den Türtrails hat, werden diese mit einer längeren Trailstrecke oder einer Suche im Gebäude kombiniert.

Trail in ein Gebäude

Dazu reicht zunächst der Schaltervorraum einer Bank, der Eingangsbereich von Parkhäusern, Behörden oder eines Wohnhauses aus.

Ablauf für die ersten Trails: Die Versteckperson legt einen kurzen Trail mit ein oder zwei Abzweigungen und wählt als Endpunkt ein Gebäude. Nach Betreten bleibt die Versteckperson nicht unmittelbar hinter der Türe stehen (wie beim Auffinden hinter einer Tür), sondern geht noch einige Meter in den Raum und hält sich am Ende eines Flurs oder einer größeren Eingangshalle auf.

Im nächsten Schritt könnte sie in einen abzweigenden Flur, ein angrenzendes Zimmer gehen oder auf einem Treppenabsatz stehen.

Aus dem Gebäude heraus

Im umgekehrten Fall arbeitet sich der Hund aus einem Gebäude heraus, in dem sich die Versteckperson bereits einige Zeit aufgehalten hat. Die Versteckperson geht nach dem Verlassen des Gebäudes noch eine dem Team angemessene Strecke weiter.

Startpunkt des Teams: Anfangs nahe der mehr oder weniger offenstehenden Ausgangstüre, durch welche die Versteckperson das Gebäude verlassen hat. Im weiteren Trainingsverlauf befindet sich der Startpunkt am Ende eines größeren Eingangsbereichs oder Flurs. Der Hund folgt nun der Spur quer durch die Halle und zeigt bei der geschlossenen Außentüre an, dass es hier nach draußen weiter geht.

Später startet das Team dann an einer beliebigen Stelle innerhalb der Wohnung bzw. des Gebäudes.

Gebäude durchqueren

Für diese Aufgabe braucht es ein Gebäude (Schule, Sporthalle, Scheune, Werkstatt, Lagerhalle), das über einen Eingangsbereich betreten und durch eine Türe auf der Neben- oder Rückseite wieder verlassen werden kann. Geeignet ist auch ein Wohnhaus, bei dem außer der Haustür eine weitere Tür (Garage, Keller) ins Freie führt.

Ablauf: Die Versteckperson legt eine Spur zum Gebäude, betritt es, geht durch das Gebäude, verlässt es durch den zweiten Ausgang und läuft danach noch ein oder zwei Ecken weiter, bis sie sich an geeigneter Stelle versteckt.

Wenn sich das Team dem Eingangsbereich nähert und der Hund interessiert an der Türe sucht oder sie anzeigt, wird ihm diese geöffnet. Er verfolgt die Spur durch das Gebäude, bis er an der zweiten Tür wieder nach draußen möchte und von dort aus weiter die Spur ausarbeitet. Anfangs ist der Weg durch das Gebäude nur kurz und ohne große Hindernisse.

Variation: Um das Gebäude herum.

Die Versteckperson legt den Trail wie zuvor, der Hund darf oder kann jedoch das Gebäude nicht betreten. Er wird, nachdem er intensives Interesse an der Eingangstüre bekundet hat, mit einem Signal und evtl. Umschnallen der Leine aus der Suche genommen und um das Gebäude herumgeführt. An der Hintertüre wird der Hund mit dem entsprechenden Signal zum Weitersuchen aufgefordert.

Manche Hunde benötigen etwas Ermunterung, um ein fremdes Gebäude zu betreten. Je nach Ausbildungsstand ist die Zugangstüre zunächst geöffnet bzw. angelehnt oder vollständig geschlossen.

Suche in Innenräumen

Die Arbeit innerhalb von Gebäuden stellt Hund und Mensch vor neue, aber auch spannende Aufgaben: Durch Lüftungssysteme oder die Sogwirkung in Treppenhäusern und langen Fluren entspricht die Geruchsverteilung nicht immer dem, was der Hund von draußen gewohnt ist. Weil der Trail durch Türen, verschiedene Räume, Ebenen oder um Hindernisse führt, verläuft die Suche oft nicht so flüssig wie sonst. Die Geruchsspur reißt immer wieder ab oder es entsteht ein Geruchspool. Auch das Leinenhandling ist aufgrund der Raumverhältnisse und des Stop-and-Go-Suchverhaltens des Hundes nicht immer so einfach.

Für die sogenannten Indoortrails, wie die Suche innerhalb von Gebäuden auch genannt wird, sollten sich die Teams in Räumen, engen Korridoren, auf Treppen und unterschiedlichen Bodenbeschaffenheiten sicher bewegen.

Wenn der Schwerpunkt auf dem Indoortrail liegt, startet das Team im Eingangsbereich des Gebäudes bzw. in dem Bereich, in dem sie arbeiten dürfen. Für geübte Teams kann die Suche im Gebäude auch Teil eines Trails sein, der bereits einige Straßen zuvor beginnt.

In einer Lagerhalle

Die Versteckperson geht von der Eingangstüre der Halle quer durch den Raum zu einer Maschine, einem Fahrzeug, Arbeitstisch oder dem Nebenraum und versteckt sich dort. Etwas schwieriger für den Hund ist es, wenn sie zunächst mehrfach in der Halle hin und her läuft, ehe sie ihr Versteck aufsucht. Am Auffindeort könnte sie arbeiten, in einem Fahrzeug sitzen, neben einer Maschine auf dem Boden liegen oder sich in einer Ecke hinter Kartons verkriechen.

Der Hund wird direkt in der Lagerhalle angesetzt oder auf dem Flur davor, so dass er zunächst die Tür zur Halle finden und anzeigen muss.

Über Treppen und Flure

Die Spur führt vom Eingangsbereich eines Gebäudes über das Treppenhaus ein Stockwerk höher und von dort aus in ein Büro, in welchem die gesuchte Person an einem Schreibtisch sitzt.

Die Versteckperson betritt ein Mehrfamilienwohnhaus, geht über das Treppenhaus in die zweite oder dritte Etage, dort den Flur entlang und bleibt in einer Fensternische stehen. Falls machbar, könnte sie auch eine der Wohnungen aufsuchen.

Die Versteckperson geht in das Kellergeschoss eines größeren Gebäudes. Optimal ist es, wenn es dort mehrere oder längere, verwinkelte Flure gibt, von denen aus sie dann einen Keller oder Technikraum betritt.

Die gesuchte Person hält sich zusammen mit einer weiteren Person im Wintergarten einer alten Villa auf. Der Hund verfolgt ihre Spur vom Park in den Eingangsbereich des Hauses, über einen breiten Flur und ein paar Treppenstufen bis hin zum Wintergarten.

Sitzecken und Nischen

In manchen Gebäuden gibt es Sitzbereiche, die etwas abseits der Laufwege liegen. Die gesuchte Person geht einen Flur entlang und setzt sich in eine der Nischen. Beim Auffinden ist sie in eine Lektüre vertieft, schaut »teilnahmslos« aus dem Fenster oder unterhält sich mit anderen Personen. In solchen Fällen muss der Hund zusätzlich noch differenzieren.

Eine weitere Möglichkeit: die gesuchte Person nutzt die Sitzecke auf einem Balkon oder der Dachterrasse und läuft auf ihrem Weg dorthin mehrere Treppen hoch und Flure entlang.

Von Zimmer zu Zimmer

Die Suche beginnt beispielsweise in einem Büro, Klassenzimmer oder dem Apartment eines Seniorenheimbewohners. Die Spur führt dann über den Flur in ein oder mehrere Zimmer und endet im Aufenthaltsraum.

Weitere Trails könnten in den Waschräumen, Umkleideräumen, einer Abstellkammer oder einem Geräteraum enden.

Fahrstuhl fahren

Aufzüge, die von jedermann genutzt werden können, finden sich in vielen Einkaufszentren, Bahnhöfen oder Parkhäusern. Klären Sie vor der Übung ab, ob der Hund das Fahrstuhlfahren kennt, es darf ihm nicht unangenehm sein.

Ablauf: Die Versteckperson legt einen Trail zum Fahrstuhl, betritt diesen, fährt eine Etage, steigt aus und wählt ihren Zielort in unmittelbarer Nähe, so dass der Hund sie nach dem Aussteigen aus dem Fahrstuhl nicht direkt sehen, aber recht schnell finden kann.

Der Hund startet wie gewohnt. Er folgt der Spur bis zum Aufzug, zeigt im Idealfall sogleich die Türe an, wartet bis der Fahrstuhl kommt, betritt ihn, fährt ein oder mehrere Etagen und nimmt nach dem Aussteigen die Spur wieder auf.

Oft braucht es jedoch etwas Zeit, bis der Hund sich dem Fahrstuhl zuwendet bzw. den Eingang findet. Vielleicht kehrt er zunächst um oder sucht mit kreisförmigen Bewegungen im direkten Umfeld des Aufzugs. Sobald er sich deutlicher für die Aufzugstür interessiert, beispielsweise davor stehenbleibt, sie mit der Nase anstupst oder ausführlich am Übergang von Fußboden zu Fahrstuhl riecht, wird er gelobt und der Hundeführer mobilisiert den Aufzug. Braucht der Vierbeiner etwas Unterstützung, könnte sich der Hundeführer selbst zum Fahrstuhl wenden, die Türe öffnen und offenhalten und den Hund zum Betreten ermuntern.

Der Trailbegleiter signalisiert dem Hundeführer die richtige Ebene, dort verlässt das Team den Aufzug und der Hund darf weitersuchen.

Für geübte Teams kann ein Trail über mehrere Etagen spannend sein. Die Versteckperson steigt beispielsweise auf der untersten Ebene in den Aufzug und fährt zwei Etagen hoch. Das Team folgt der Spur in den Fahrstuhl, hält auf der ersten Ebene, steigt aus, der Hund wird zum Suchen ermuntert. Weil er hier keinen Geruch finden kann und ein Negativ anzeigt, fährt das Team auf die zweite Etage und der Hund startet von dort aus erneut.

Wählen Sie für diese Aufgabe zunächst ein Gebäude, bei dem die Ebenen gut voneinander getrennt sind. Wenn diese zusätzlich durch offene Treppen, Galerien o.Ä. miteinander verbunden sind, bekommt der Hund unter Umständen den Geruch der gesuchten Person über mehrere Ebenen in die Nase.

Hundeführer oder Begleitperson sorgen dafür, dass der Hund ungehindert in den Fahrstuhl hinein- bzw. hinaussuchen kann und die Türen offenbleiben.

Fast wie im **Realeinsatz**

Trail-Geschichten

Trainingstrails einer Freizeitgruppe sind in keiner Weise vergleichbar mit den Einsatztrails eines professionellen Teams. Die Anspannung, das Drumherum und auch die Verantwortung, die auf dem Team liegt, kann nicht imitiert werden. Was aber im Training zumindest ansatzweise nachgestellt bzw. geübt werden kann, sind mehrere Herausforderungen nacheinander, der Umgang mit Unerwartetem und die dafür nötige Konzentration, sowie die Notwendigkeit, unvoreingenommen an die Suche heranzugehen.

Mit den folgenden »Trailgeschichten« bekommen auch Freizeitteams einen kleinen Einblick, welche Herausforderungen und Szenarien möglich sind. Ob Sie die Aufgabe sachlich abarbeiten oder dazu eine kleine Geschichte entwickeln, wer beispielsweise auf welche Weise und wie lange vermisst wird, bleibt Ihnen überlassen. Viele Teams arbeiten bei solchen Trails mit großer Ernsthaftigkeit, verlassen sich aufeinander, meistern gemeinsam ungewohnte Aufgaben und schwierige Streckenabschnitte. Das Gefühl dann, wenn bei der Versteckperson angekommen wird, ist einfach unbeschreiblich.

Tipps und Überlegungen zur Durchführung:

- Ein Trailverantwortlicher koordiniert das Geschehen, hält den Kontakt zur Versteckperson und greift bei Bedarf unterstützend ein. Je nach Aufgabe braucht es zusätzliche Helfer, die absichern, beobachten oder den Streckenverlauf dokumentieren.

- Besonders realitätsnah ist es, wenn im Double-Blind-Modus gearbeitet wird. Es kann eine gute Erfahrung für das jeweilige Teams sein, wenn es einen kurzen »Kreuz-und-quer-Trail« oder eine Strecke mit machbaren Aufgaben ohne Hilfe und völlig selbstständig arbeiten muss.

  Meist sind jedoch Single-Blind-Trails sinnvoller. Auch diese Trails sollten machbar bleiben und nicht wegen des Eventcharakters mit Überforderung des Teams enden.

- Gehen Sie in Gedanken die einzelnen Übungsvorschläge durch: Welches Team kann welche Aufgaben bewältigen und wie kann die Aufgabe an den jeweiligen Ausbildungsstand und die Umgebung angepasst werden?

- Schauen Sie sich mögliche Streckenführungen zuvor auf der Karte an: Wie wird das zur Verfügung stehende Gelände effektiv genutzt, damit mehrere Teams während einer Trainingseinheit eine solche Aufgabe arbeiten können?

- Welche Trails könnten bereits vor dem Training gelegt werden, so dass der Hund dann ganz realitätsnah auf einer Spur arbeiten darf, die schon ein paar Stunden alt ist?

Kopfkino ausschalten

Beim Trailen machen wir uns oftmals eigene Vorstellungen davon, wo sich die Versteckperson aufhalten könnte. Oder wir lassen uns von Schilderungen beeinflussen. Aber vermisste Personen folgen nicht unserer Logik! Beschreibungen können fehlerhaft sein und Vermutungen müssen nicht zutreffen.

Ich werde nie vergessen, wie wir bei einem Workshop mit großer Dringlichkeit dazu angehalten wurden, eine vermisste ältere Person zu suchen. Sie wäre zu einem Spaziergang aufgebrochen und nun vermutlich in hilfloser Lage. Ich konnte mich der emotional vorgetragenen Schilderung kaum entziehen, hatte den vom Regen rutschigen Untergrund, die dichtstehenden Bäume, die zum Bach abfallende Böschung vor Augen und stellte mich gedanklich bereits auf eine längere Suche im angrenzenden Waldgebiet ein. Nach dem Startsignal jedoch strebte mein Hund sehr energisch dem nur wenige Meter entfernten Gartenhäuschen zu, drückte die Türe auf und stand vor der vermissten Person, die auf einer Liege »schlief« und sich mit einer Decke zugedeckt hatte.

Dieses Beispiel zeigt deutlich, dass beim Trailen »fast« alles möglich ist. Der Hundeführer versucht deshalb unvoreingenommen an jeden Trail heranzugehen. Dieser Aspekt kann auch bei den folgenden Aufgaben nochmals bewusst beachtet und geübt werden.

Ohne Plan

Stellen Sie sich ein Kind vor, das sich beim Spielen immer mehr von seinem ursprünglichen Standort entfernt – und plötzlich ist dieses Kind nicht mehr auffindbar. Oder einen Pilzsammler, der kreuz und quer durch den Wald läuft, ein Hobbyfotograf, der ins Fotografieren vertieft auf

Nur die Spur zählt: Hund und Mensch sind fokussiert, aufeinander abgestimmt und wie im Fluss unterwegs.

der Suche nach schönen Motiven mal hierhin und mal dorthin geht – und nun sind die betreffenden Personen bereits längere Zeit abwesend und auch nicht mehr erreichbar.

Startpunkt Wohngebiet: Beliebige Stelle in einem Wohngebiet mit Freiflächen und möglichst vielen Wegen in geringem Abstand zueinander, Altstadt mit kleinen Gassen und Hinterhöfen oder an einem Spielplatz mit mehreren Wegen ins angrenzende Wohngebiet.

Startpunkt Waldparkplatz: Fahrzeug der Versteckperson. Hier könnte der Hundeführer selbst den Geruch von der Fahrertüre abnehmen bzw. im unverschlossenen Fahrzeug nach einem geeigneten Geruchsträger suchen.

Startpunkt Kleingartenanlage: Parkplatz vor der Anlage, in einer Parzelle oder auf dem Spielplatz vor dem Vereinsgebäude.

Die Versteckperson ist nach eigenem Gutdünken unterwegs und entfernt sich dabei zunehmend von ihrem Startpunkt. Streckenlänge und eingebaute Herausforderungen werden jedoch zuvor in etwa abgesprochen. Nachdem die Versteckperson ihren Zielort gewählt hat, meldet sie dies dem Einsatzleiter und informiert ihn beim Single-Blind-Trail über Streckenverlauf und die Versteckposition.

Am Startpunkt erhält der Hund den dort deponierten bzw. vom Hundeführer abgenommenen Geruchsgegenstand. Das Team sucht nun sehr realitätsnah auf einer Strecke, die nicht vom Trainer vorgeplant wurde. Vielleicht gibt es:

- ständige Richtungswechsel oder einfach nur eine lange Geradeausstrecke,

Die Versteckperson geht in Gedanken versunken durch einen lichten, gut begehbaren Wald und verweilt dann an einer beliebigen Stelle.

- doppelt begangene Strecken, weil die Versteckperson nicht mehr weiterkommt und umkehren muss oder im Kreis läuft,
- einen Geruchspool, wenn sich die Versteckperson für eine Weile an einer bestimmten Stelle aufgehalten hat,
- vielleicht klettert die Versteckperson eine Böschung hinauf, über eine kleine Mauer, steigt eine Treppe hinauf/hinab oder betritt ein Gebäude.

Startpunkt bekannt – Ziel vermutet

Eine Person wird vermisst. Vermutlich ist sie unterwegs zu einem ihr vertrauten Ort, beispielsweise vom Seniorenstift zurück zum alten Wohnort oder von daheim zu einem Freizeitgrundstück, wird dort jedoch nicht angetroffen.

Startpunkt Versteckperson: Ein Bereich, in welchem sie sich zuvor einige Zeit aufgehalten hat (Haustür-Start). Die Versteckperson geht den zuvor abgesprochenen Weg bis zum vereinbarten Ziel, meldet dem Einsatzleiter ihre Ankunft und evtl. notwendig gewordene Abweichungen im Streckenverlauf.

Ablauf: Der Hund wird im Startbereich angesetzt und muss nun zunächst die neueste Spur der Versteckperson finden. Je nach Gelände sind verschiedene Trails denkbar:

- Es führen zwei oder mehrere Wege zum vermuteten Zielort. Jetzt ist es wichtig, dass der Hundeführer nicht vorausdenkt, welchen der Wege die Versteckperson genutzt haben könnte, sondern sich vom Hund führen lässt. Die Versteckperson befindet sich nicht direkt am Zielort, aber in unmittelbarer Nähe dazu.

- Es gibt nur einen Weg, den die Versteckperson zunächst auch begeht. Nach der Hälfte oder kurz vor dem Ziel, verlässt sie den Weg und schlägt eine völlig andere Richtung ein, in die sie eine gewisse Strecke weitergeht, evtl. mit weiteren Richtungsänderungen, bis sie ein passendes Versteck aufsucht.

Zielstrebig verfolgt der Hund die Spur vom Wohngebiet zu einer Kleingartenanlage.

Eine gute Umgebung für einen kurzen Trail im Double-Blind-Modus: Die gesuchte Person hat die Straße verlassen, befindet sich aber nur wenige Meter abseits davon. Sie könnte auf der vom Weg abgewandten Seite auf der Bank sitzen, zwischen den einzelnen Stämmen des großen Baumes stehen, sich im Böschungsbereich, hinter dem Holzstapel oder der Scheune aufhalten.

- Wenn die Strecke zum Zielort nur kurz, aber unübersichtlich ist, geht die Versteckperson zunächst in Richtung Ziel und kommt dann vom Weg ab: rutscht eine Böschung hinab, klettert auf einen Hochsitz, betritt einen Garten, einen Hinterhof oder geht ein paar Schritte in unwegsames Gelände. Ihr Auffindeort befindet sich nur wenige Meter abseits des bekannten Weges, ist aber von diesem aus nicht einsehbar und evtl. auch schwer zugänglich.

Am Auffindeort kann die Versteckperson unterschiedliche Positionen einnehmen: umhergehen, an etwas arbeiten, Zeitung lesen, auf der Erde sitzen, sich schlafend stellen oder mit einer Jacke zudecken

Letzter Kontakt: Bahnhof, Einkaufszentrum

Die vermisste Person wurde zuletzt an einer Bushaltestelle, Bahnstation oder einem Einkaufszentrum gesehen. Je weitläufiger und unübersichtlicher das Gelände ist, umso anspruchsvoller wird diese Aufgabe. Noch nicht so geübte Teams arbeiten zunächst in einem überschaubaren Umfeld oder zu einer Uhrzeit, in der dort erfahrungsgemäß nicht allzu viel Betrieb herrscht.

Am Start liegt ein Geruchsgegenstand der Versteckperson bereit.

Startpunkt Team: Ein Beginnerteam startet genau an der Stelle, an welcher sich die Versteckperson aufgehalten hat (Ausgangstüre, ein bestimmter Bereich des Bahnsteigs), damit der Hund direkt von dort aus die Spur finden kann.

Mit zunehmender Trailerfahrung bekommt das Team nur den Bereich gezeigt, in dem die gesuchte Person gesehen wurde.

Die Versteckperson bleibt im Bereich des Bahnhofs/Einkaufsgeländes

- Sie geht vom Start aus zielstrebig über den Parkplatz zum Eingangsbereich des Einkaufszentrums oder vom Bahnsteig zur Bahnhofshalle und bleibt dann an einer Gebäudeecke, Türnische oder an der Sammelstelle der Einkaufswagen stehen (Auffindeort).

- Sie bewegt sich mehrfach im Gelände hin und her, verweilt an einer Auslage, einem Fahrkartenautomaten oder dem Eingangsbereich eines Geschäfts und sucht danach ihren Zielort auf.

- Sie benutzt Treppen, Unterführungen, öffentliche Durchgänge zwischen Gebäudeteilen.

- Sie steigt in einen Fahrstuhl, um auf eine andere Geländeebene zu gelangen, geht nach dem Aussteigen noch eine kurze Strecke, ehe sie ihren Zielort ansteuert. In diesem Fall muss der Hund den Geruchsabriss (= Einsteigen am Fahrstuhl) deutlich anzeigen und der Hundeführer auf die Idee kommen, den Fahrstuhl zu nutzen. Der Trailbegleiter informiert den Hundeführer, auf welcher Ebene die Versteckperson den Fahrstuhl verlassen hat und der Hund erneut angesetzt werden kann. Geübte Teams können bei mehreren Ebenen eigenständig ausprobieren, auf welcher es weitergeht bzw. nach welchem Halt es keine Spur der Versteckperson gibt.

Am Auffindeort sitzt die Versteckperson auf einer Parkbank, steht mit einer weiteren Person zusammen, geht hin und her oder verbirgt sich in einer Ecke oder hinter einer Anzeigetafel.

Die Versteckperson verlässt das Gelände

Startpunkt der Versteckperson: Bahnsteig oder Ausgangstüre des Supermarkts

- Von dort aus geht sie zielstrebig über den Bahnhofsvorplatz oder Parkplatz und biegt dann in eine der angrenzenden Straßen ein. Die Streckenlänge wird den Möglichkeiten angepasst. Die Versteckperson kann bereits nach einer Abbiegung ihren Zielort aufsuchen oder erst nach einem längeren Weg.

- Sie schlendert zunächst einige Zeit auf dem Gelände umher, ehe sie es verlässt und sich ihre Spur im angrenzenden Gebiet verliert.

- Die gesuchte Person trifft sich am Bahnhof mit einer weiteren Person und verlässt mit dieser das Gelände, entfernt sich jedoch nicht allzu weit. Beide halten sich danach in einem Park auf, setzen sich in ein Straßencafé oder schlendern die Einkaufsstraße entlang. Beim Auffinden muss der Hund differenzieren und die gesuchte Person anzeigen.

Negativ-Trail

Voraussetzung dafür sind Teams, die bereits Erfahrung mit Negativ-Trails haben und ein genügend großes Gelände. Je nach Ausbildungsstand weiß der Hundeführer, dass es sich um einen Negativ-Trail handelt bzw. wo es eine übereinstimmende Spur gibt.

Ablauf: Der Hund startet in einem Bereich, in dem sich die Versteckperson nie aufgehalten hat und der weit genug entfernt von ihrem tatsächlichen Aufenthaltsort ist, beispielsweise auf einer anderen Gebäudeebene oder am entgegen-

Der Hund zeigt deutlich, dass er hier keinen Geruch findet, der mit seinem Suchauftrag übereinstimmt.

gesetzten Ende des Geländes. Zeigt der Hund an, dass es hier keine zum Geruch passende Spur gibt, wird die Suche abgebrochen. Der Vierbeiner wird an anderer Stelle nochmals angesetzt, von welcher er sehr rasch den Geruch der Versteckperson finden kann und ihrer Spur nur wenige Meter bis zum Auffindeort folgen muss.

Ein geübtes Team kann nach dem Aufnehmen der Spur auch einen etwas längeren Trail gehen oder zwei Negativansätze verkraften, ehe es dann beim dritten Anlauf auf die Spur trifft.

Ein Zelt – zwei vermisste Personen

Zwei Personen werden gesucht, abgehend von einem Zelt oder einer Picknickdecke. In der einfachen Variante liegen dort die vorbereiteten Geruchsgegenstände, wobei die Teams wissen, welcher Gegenstand zu welcher Person gehört.

Natürlich kann die Situation auch realitätsnah gearbeitet werden. Der Einsatzleiter beschreibt die Vermissten und gibt die Information, dass beispielsweise der Schlafsack Person 1 und der Rucksack Person 2 gehört. Die Hundeführer müssen nun die jeweilige Geruchsprobe selbst abnehmen, ehe die Hunde auf die Strecke gehen. Dabei berücksichtigen sie, dass die Gegenstände auch von der jeweils anderen Person angefasst wurden und wählen eine Stelle, die möglichst nicht kontaminiert ist.

Zur Ablenkung könnten sich noch weitere Personen am Zeltplatz aufhalten, so dass die Hunde aus einer Gruppe heraus starten müssen.

Ablauf: Nachdem die Versteckpersonen an ihrem Versteck sind, starten die Teams entweder nacheinander oder bei verträglichen Vierbeinern auch zeitgleich. Falls sich die Vermissten zuvor bereits einige Zeit im Startbereich aufgehalten haben, müssen die Hunde zunächst die jeweils frischeste Spur finden. Da die Versteckpersonen teilweise unterschiedliche Richtungen einschlagen, ist für jedes Team eine Begleitperson nötig.

Ideen für den Streckenverlauf: Die Versteckpersonen

- entfernen sich vom Zelt aus in unterschiedliche Richtungen, ohne sich wieder zu begegnen,
- gehen eine gewisse Wegstrecke gemeinsam, trennen sich dann und suchen ihren jeweiligen Zielort auf,
- trennen sich am Zelt und treffen jedoch auf der Strecke oder am Auffindeort wieder zusammen.

Auffindesituation: Wenn sich beide Versteckpersonen am gleichen Ort aufhalten, müssen die Hunde differenzieren und diejenige anzeigen, die zu ihrem Suchauftrag passt. Wenn die Versteckpersonen nicht wissen, von welchem Hund sie gesucht werden, verhalten sie sich zunächst neutral, wenn ein Team bei ihnen ankommt. Der Hund wird erst auf Hinweis des begleitenden Trailverantwortlichen belohnt.

Leerstehendes Fahrzeug

2 oder 3 Personen werden vermisst, ihr Auto wird auf einem Parkplatz gefunden, die Türen sind unverschlossen.

Startpunkt: Parkplatz im städtischen Umfeld oder im Grünen, von dem aus sich die Versteckpersonen in unterschiedliche Richtungen entfernen können.

Die Geruchsgegenstände der vermissten Personen gleichen sich, unterscheiden sich jedoch farblich: alle verwenden beispielsweise ein Papiertaschentuch und stecken dies in eine farblich markierte Klarsichttüte. So erkennen die Hundeführer nicht, welcher Gegenstand zu welcher Person gehört, die Trailbegleiter wissen beim Single-Blind-Trail jedoch, dass die rot gekennzeichnete Tüte zu Person A und die blaue zu Person B gehört.

Ablauf: Die Versteckpersonen setzen sich für einige Minuten ins Auto, verlassen es dann wieder über die Türe, durch die sie eingestiegen sind, und legen ihren Geruchsgegenstand auf ihren Sitz. Danach entfernen sie sich in unterschiedliche Richtungen vom PKW. Die Streckenlänge wird zuvor abgesprochen.

Nun gehen die Teams nacheinander zum Fahrzeug, der Hundeführer nimmt jeweils einen Geruchsgegenstand vom Sitz und setzt seinen Hund mit dem üblichen Startritual an der dazugehörigen Autotür an.

Jedes Team benötigt einen kundigen Begleiter, der den Hundeführer unterstützt und darüber informiert, ob er der richtigen Spur folgt bzw. bei »seiner« Person ankommt.

Natürlich können Sie auch diese Trailgeschichte noch weiter ausbauen und damit schwieriger gestalten:

- Es ist nur bekannt, dass es einen Fahrer und einen Mitfahrer auf dem Beifahrersitz gab, nicht aber welche Person welche Position eingenommen hat. Die Hundeführer müssen eine Geruchsprobe von den jeweiligen Fahrzeugsitzen abnehmen, ehe sich das Team auf die Suche macht und keiner weiß, zu wem die Spur führt.

Beide Teams starten zur gleichen Zeit. Es ist spannend zu beobachten, wie die Hunde damit umgehen: Nehmen sie sogleich ihren Auftrag an oder orientieren sie sich zunächst am Artgenossen? Stört es sie, dass nebenan ein weiteres Team arbeitet oder lassen sie sich davon nicht aus dem Konzept bringen?

- Die Aufgabe wird mit Fremdpersonen durchgeführt. Als Anhaltspunkt gibt es nur die Gegenstände auf den Autositzen bzw. die vom Hundeführer abgenommenen Geruchsproben.

Die Wandergruppe

Eine zeitlich und personell etwas aufwändigere Aufgabe, bei der ein Mitglied der Gruppe vermisst wird.

Sie brauchen dazu eine ca. 300 bis 500 Meter lange »Wanderstrecke« vom Parkplatz durch den Wald bis zu einer Grillhütte, Aussichtsebene oder einem Waldspielplatz.

Alternativ eine »Stadtführung«, bei der der Weg vom Parkplatz durch mehrere Straßen und Gassen bis zum Marktplatz oder einer Kirche führt.

Je mehr Abzweigmöglichkeiten und unübersichtliche Stellen es auf der Strecke gibt, umso realitätsnäher wird das Ganze.

Ablauf: Die Wanderer (ca. 2-5 Personen) einschließlich Versteckperson gehen vom Startbereich aus auf die Strecke, dabei halten sie immer mal wieder an, um etwas zu besichtigen.

Die ausgewählte Versteckperson entfernt sich an einer beliebigen Stelle »unbemerkt« von der Gruppe und könnte

- auf anderem Weg in Richtung des Zielortes oder wieder zurück zum Parkplatz gehen, dort aber nicht ankommen,
- eine völlig andere Richtung einschlagen,
- »ohne Plan« nur geringfügig abseits der Strecke umhergehen.

Wird die Suche als Single Blind gearbeitet, informiert die Versteckperson den Einsatzleiter über ihren Weg: An welcher Stelle hat sie die Gruppe verlassen, wie verläuft ihre Spur und wo ist der Auffindeort. Beim Double Blind werden diese Punkte zuvor nur grob abgesprochen.

Sobald die Gruppe das Verschwinden bemerkt (spätestens vom Zielort aus), alarmiert sie das Trailteam. Einzelne Gruppenmitglieder könnten den Weg wieder zurück und dem Team entgegengehen oder selbst mit der Suche beginnen und sich als Ablenkung auf der Strecke befinden.

Der Hund wird am Parkplatz mit dem dort deponierten Geruchsgegenstand angesetzt. Es ist eine schöne Leistung, wenn er trotz Ablenkungen konzentriert sucht, die Stelle findet, an der sich die Versteckperson von der Gruppe getrennt hat und ihrer Spur bis zum Auffindeort folgt.

Spannend im Sinne von »wie reagiert der Hundeführer« ist folgende Variante:

Sobald sich das Team auf der Strecke befindet, geht die Versteckperson im Bogen zurück zum Parkplatz und setzt sich in ihr Fahrzeug. Glaubt der Hundeführer seinem Vierbeiner, wenn dieser ihn wieder Richtung Parkplatz führt und dort zwischen bzw. an den Fahrzeugen sucht oder überwiegt der Gedanke, da waren wir doch bereits, da ist doch niemand?

Nacht-Trail

Eine Suche in der Dunkelheit stellt sowohl das Team als auch die Begleiter vor weitere Herausforderungen: Die Umgebung erscheint seltsam unvertraut, es gibt andere Gerüche oder

Geräusche als tagsüber, Schatten oder dunkle Ecken wirken abschreckend. Hund und Mensch reagieren oftmals sensibler auf optische oder akustische Wahrnehmungen, die sie am Tage kaum beachtet hätten.

Manche Hundeführer müssen zunächst die Einstellung ihrer Stirnlampe ausprobieren, um den Weg vor ihnen gut auszuleuchten, aber niemanden zu blenden. Erforderlich ist auch mindestens ein erfahrener Begleiter mit Taschenlampe.

Bei Nacht-Trails empfiehlt es sich, die Versteckperson auf ihrem Weg zu begleiten und für den Zielort eine sichere und einigermaßen komfortable Stelle zu finden.

Wenn die übliche Trainingszeit in den Abendstunden liegt, gerät man in der Winterzeit ganz automatisch mehr oder weniger in die Dunkelheit. Hier bieten sich dann Trails im städtischen Umfeld an, die Spur führt sowohl durch beleuchtete Gebiete als auch in dunkle Ecken.

Bewusste Nacht-Trails eigenen sich gut für Sommermonate, in denen es tagsüber viel zu warm zum Suchen ist. Für die Versteckperson ist es zudem deutlich angenehmer, in einer lauen Sommernacht im Versteck auszuharren als bei Schmuddelwetter. Diese Sommernachtstrails können sowohl im Stadtgebiet als auch im ländlichen Umfeld, wie einer Garten- oder Parkanlage verlaufen. Das Gelände sollte jedoch nicht allzu unwegsam sein und keine Gefahrenherde wie steile Böschungen, Wasserläufe oder stark frequentierte Kreuzungen enthalten.

Die ersten Nacht-Trails verlaufen eher kurz, mit ein oder zwei Richtungsänderungen und das

Wechseln Sie, wenn möglich, ab und an die Trainingszeit. Ein vertrautes Übungsgebiet zu einer anderen Uhrzeit kann eine völlig neue Erfahrung sein, weil dann meist andere Bedingungen herrschen als zu den gewohnten Zeiten.

Versteck ist leicht zugänglich. Hat ein Team schon öfters im Dunkeln getrailt, sind auch längere Strecken, Abzweigungen in schmale Wege, Sackgassen in dunkle Ecken und unterschiedliche Auffindesituationen denkbar.

Rechnen Sie damit, dass mancher Hund vorsichtiger, teilweise misstrauischer unterwegs ist. Evtl.

nähert er sich auch der Versteckperson zögerlicher als Sie es sonst von ihm gewohnt sind und braucht deshalb eine schnelle Bestätigung, sobald er gefunden hat.

Trail-Tagebuch

Zum Abschluss noch ein paar Worte zur Dokumentation. Sie ist für Ausbilder ein wichtiges Hilfsmittel, um das Training systematisch aufzubauen, Probleme zu erkennen oder zu sehen, welche Lernfortschritte ein Team bereits gemacht hat. Durch die Dokumentation behält man den Überblick über Trainingsorte, Streckenverläufe oder Verstecke. Denn kaum jemand kann sich exakt merken, welches Team welchen Trail in letzter Zeit gelaufen ist und wer wen gesucht hat.

Für die Hundeführer kann ein Trail-Tagebuch dazu beitragen, das Training zu reflektieren. Ein solches Tagebuch muss keine langweilige Sache sein, es macht Spaß einmal schwarz auf weiß zu lesen, wie viele unterschiedliche Trails das Team bereits gemeistert hat und zu überlegen, vielleicht zusammen mit Trailkollegen oder dem Ausbilder, welche Herausforderungen es noch gibt und wie diese schrittweise in Angriff genommen werden können. Und es beruhigt, wenn ein Trail mal nicht gelingt und man dann beim Dokumentieren feststellt, dass diese Aufgabe neu oder noch nicht so häufig im Programm war - kein Wunder, dass Hund und Mensch hier noch etwas schwächeln.

Für die Dokumentation gibt es inzwischen viele Möglichkeiten: Eigene Protokolle erstellen, auf Vorlagen zurückgreifen oder eine App fürs Handy nutzen. Probieren Sie aus, was für Sie am sinnvollsten ist. Der eine Hundeführer schätzt Listen zum Ankreuzen, ein anderer bevorzugt eigene Notizen oder möchte Skizzen und Streckenverläufe einfügen. Manche mögen es minimalistisch und übersichtlich, andere sind sehr detailgenau und dokumentieren ausführlich.

Ich rate zu einem Mittelmaß und versuche selbst, nicht zu viel und nicht zu wenig aufzuschreiben. Bei zu wenig fehlen mir dann später unter Umständen doch wichtige Informationen. Zu viel bedeutet meist auch mehr Aufwand, den ich ehrlicherweise ab und an etwas scheue. Auch besteht die Gefahr, dass die Aufzeichnungen unübersichtlich werden.

Die Dokumentation sollte aber auf alle Fälle folgende Punke enthalten, siehe nächste Seite.

Trail-Tagebuch

Datum, Uhrzeit

Trailgebiet

Geruchsgegenstand

Startpunkt

Streckenlänge und -verlauf

Zielort und Auffindeposition der Versteckperson

Name der Versteckperson (bekannt, unbekannt)

Witterungsbedingungen

Anmerkungen zu unerwarteten Schwierigkeiten, neuen Lerninhalten, besonderen Vorkommnissen und den Reaktionen von Hund und Hundeführer

Schlusswort

Mantrailen spielt in meinem Leben schon lange eine wichtige Rolle. Im Laufe der Zeit durfte ich dabei viele interessante Menschen kennenlernen: Menschen mit einer großen Begeisterung fürs Trailen, Ausbilder, die ihr Wissen mit mir geteilt haben, Einsatzteams, vor deren Leistung ich großen Respekt habe, und Teams, die ich bei ihrer Ausbildung begleiten durfte und immer noch darf. So viele gute Freundschaften sind entstanden, die ich nicht mehr missen möchte. Ganz herzlichen Dank für den Austausch, die Zusammenarbeit und die vielen gemeinsamen Trails.

Lieben Dank an alle, die zum Gelingen dieses Buches beigetragen haben.

Viele Fotos sind Momentaufnahmen und vermitteln so einen authentischen Eindruck in die Trailarbeit, weshalb ab und an Abstriche bezüglich der Bildqualität in Kauf genommen wurden. Danke an alle, die für das Buch fotografiert haben, und an die Hundehalter meiner Kurse und der Trailgruppe von GSG-Personensuche, die jederzeit mit ihren Vierbeinern für Fotos bereitstanden, danke an Stephan und sein Team für die Bilder aus Neupitz und die Inspiration zu nicht alltäglichen Trails in einem besonderen Umfeld.

Herzlichen Dank an Claudia König für die unkomplizierte Zusammenarbeit und an alle Mitarbeiter im Verlag, die das Buch mit gestaltet haben.

Sehr viel verdanke ich meinem Mogli, er hat einen großen Anteil an meiner Leidenschaft für das Trailen. Mit ihm zusammen habe ich meine ersten Erfahrungen gesammelt, wir haben Höhen und Tiefen erlebt und viele Suchen gemeinsam gemeistert. Mogli zeigte mir, wie besonders und bereichernd diese Zusammenarbeit von Hund und Mensch sein kann. Den sogenannten Trailflow mit Worten zu beschreiben, ist kaum möglich – man muss ihn erleben und fühlen. Dieses miteinander verbunden sein, sich aufeinander einlassen und verlassen, kann man nicht erzwingen, es ist ein Geschenk. Danke Mogli, dass ich das mit dir zusammen erleben durfte.

Autorenportrait

Monika Schaal ist Hundetrainerin und arbeitet seit vielen Jahren mit Problemhunden verschiedenster Rassen. Sie betreut Therapiehunde, engagiert sich für die Rettungshundearbeit und ist Ausbilderin für Retriever. Sie hält Vorträge und Seminare und hat mehrere Bücher zum Thema Hund und Hundeausbildung veröffentlicht. Zusammen mit Familie und Hund lebt sie in der Nähe von Stuttgart.

Ihr Hauptanliegen ist es, Hundeausbildung entspannt, alltagstauglich und vor allem individuell zu gestalten und den Hundehaltern Freude an der Arbeit und dem Zusammenleben mit dem Hund zu vermitteln.

Zum Weiterlesen

Ralf Blechschmidt: **Mantrailing in der Polizeiarbeit**, Kynos 2023

Alexandra Grunow/Rovena Langkau: **Mantrailing – das Arbeitsbuch, Das praxiserprobte Ausbildungskonzept der K9-Experts,** Kosmos 2023

Horst Harmke: **Arbeitsbuch Mantrailing**, Kynos 2022

D.A. Peters/P. Atamaniuk: **Mantrailing – Wissenschaft und Praxis: mit praktischem Trainingsleitfaden,** Tredition 2016

Susanna Simon/Christina Bleßmann: **Go. Find. Folge der Freude,** Müller Rüschlikon 2022

Die Hundeschule

Die erfolgreiche Ratgeberreihe
und weitere Bücher für Hundefans

Monika Schaal
Der Weg zum aufmerksamen Hund
Tipps für Alltag und Training
96 Seiten, 80 Bilder
ISBN 978-3-275-02201-4
€ 11,95 / € (A) 12,40

Nicole Röder
Beschäftigung & Fitness für fröhliche und gesunde Hunde
96 Seiten, 125 Bilder
ISBN 978-3-275-02342-4
€ 13,95 / € (A) 14,35

Monika Schaal/Petra Rammelsberger
Bodenarbeit mit Hunden
Übungen für Koordination, Konzentration und Vertrauen
96 Seiten, 82 Bilder
ISBN 978-3-275-02158-1
€ 11,95 / € (A) 12,40

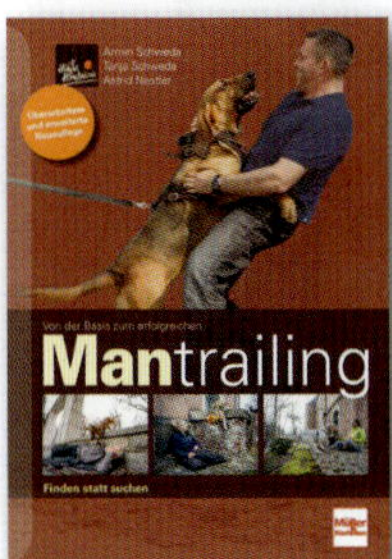

Armin Schweda/Tanja Schweda/
Astrid Nestler
Von der Basis zum erfolgreichen Mantrailing
304 Seiten, 304 Bilder
ISBN 978-3-275-02171-0
€ 34,90 / € (A) 35,90

Susanna Simon/Christina Bleßmann
Go. Find. Folge der Freude
Mantrailing – Das Ausbildungsbuch
192 Seiten, 200 Bilder
ISBN 978-3-275-02243-4
€ 24,90 / € (A) 25,60

Änderungen in Preis und
Lieferfähigkeit vorbehalten.

Überall, wo es Bücher gibt oder
www.mueller-rueschlikon.de
Service-Hotline: 0711-78 992 151

Müller Rüschlikon